计算机科学与技术专业核心教材体系建设 —— 建议使用时间

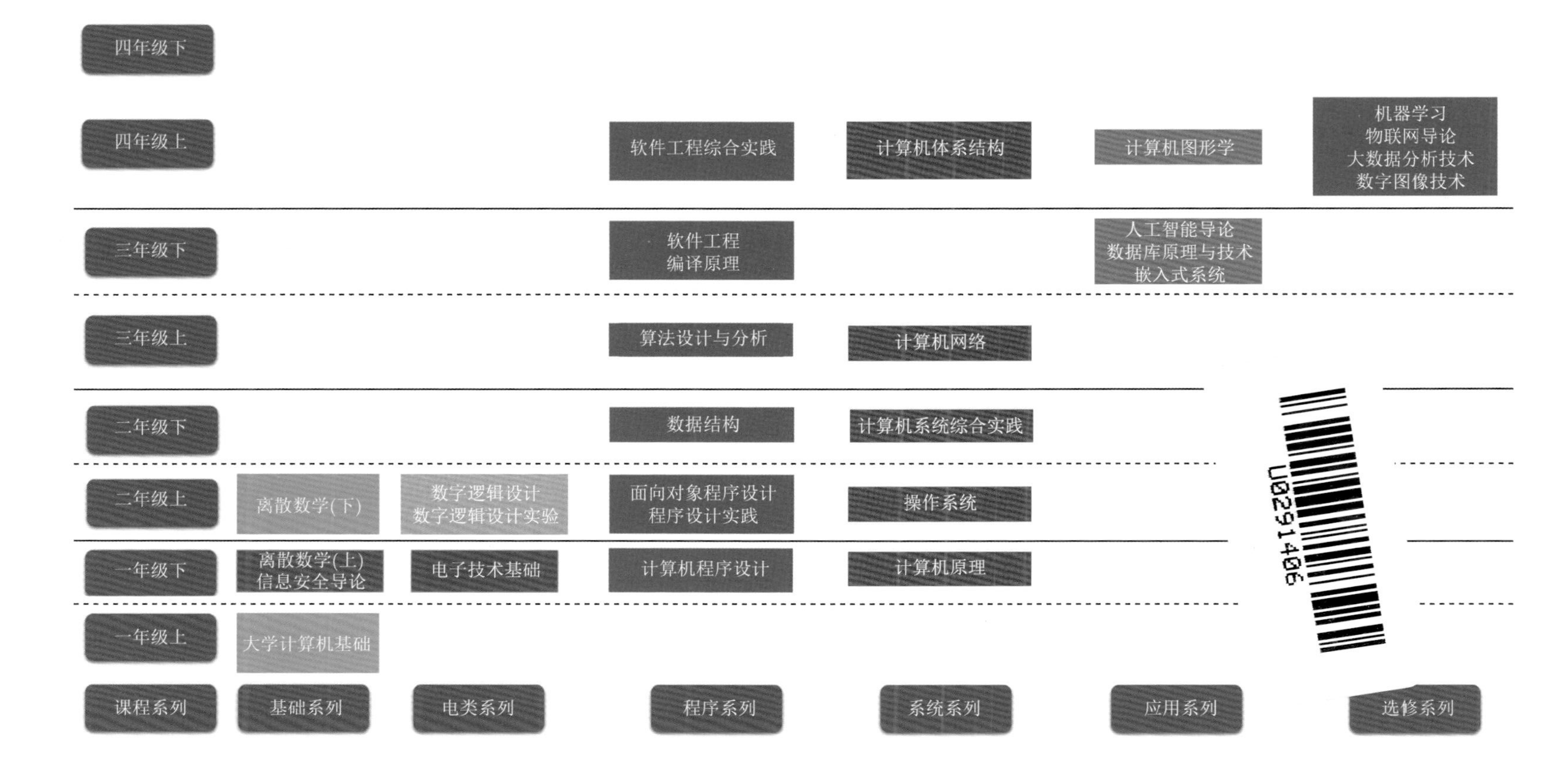

面向新工科专业建设计算机系列教材

程序设计与问题求解

（C语言版·微课版）

邓泽林　李　峰◎主编

清華大学出版社
北　京

内容简介

本书以C语言程序设计为主线，通过问题和案例引入内容，重点讲解利用C语言求解问题的思路、建模方法及编码实现。全书主要内容包括程序设计语言概述、数据类型、运算符及表达式、顺序结构、选择结构、循环结构、函数、数组与字符串、指针、结构体与共用体、文件等，构造了新颖的案例，涉及数据存储基础、计算几何、方程求解、数据加密、字符串解析、菜单UI等具有复杂工程背景的问题，引导读者开展程序设计应用实践，培养读者的问题分析和求解能力。

本书可作为本科院校程序设计课程的教学用书，也可作为从事程序设计的科技人员、算法竞赛选手的参考书及培训教材。

图书在版编目(CIP)数据

程序设计与问题求解 ：C语言版 ：微课版 / 邓泽林，
李峰主编. -- 北京 ：清华大学出版社，2024. 7.
(面向新工科专业建设计算机系列教材). -- ISBN 978
-7-302-66644-8

Ⅰ. TP312.8

中国国家版本馆CIP数据核字第20240LA956号

责任编辑：白立军　杨　帆
封面设计：刘　乾
责任校对：胡伟民
责任印制：沈　露

出版发行：清华大学出版社
网　　址：https://www.tup.com.cn，https://www.wqxuetang.com
地　　址：北京清华大学学研大厦A座　　**邮　　编：**100084
社 总 机：010-83470000　　**邮　　购：**010-62786544
投稿与读者服务：010-62776969，c-service@tup.tsinghua.edu.cn
质量反馈：010-62772015，zhiliang@tup.tsinghua.edu.cn
课件下载：https://www.tup.com.cn，010-83470236
印 装 者：三河市龙大印装有限公司
经　　销：全国新华书店
开　　本：185mm×260mm　**印　　张：**15　**插　页：**1　**字　　数：**380千字
版　　次：2024年7月第1版　**印　　次：**2024年7月第1次印刷
定　　价：59.00元

产品编号：106194-01

出版说明

一、系列教材背景

人类已经进入智能时代，云计算、大数据、物联网、人工智能、机器人、量子计算等是这个时代最重要的技术热点。为了适应和满足时代发展对人才培养的需要，2017年2月以来，教育部积极推进新工科建设，先后形成了“复旦共识”“天大行动”和“北京指南”，并发布了《教育部高等教育司关于开展新工科研究与实践的通知》《教育部办公厅关于推荐新工科研究与实践项目的通知》，全力探索形成领跑全球工程教育的中国模式、中国经验，助力高等教育强国建设。新工科有两个内涵：一是新的工科专业；二是传统工科专业的新需求。新工科建设将促进一批新专业的发展，这批新专业有的是依托于现有计算机类专业派生、扩展而成的，有的是多个专业有机整合而成的。由计算机类专业派生、扩展形成的新工科专业有计算机科学与技术、软件工程、网络工程、物联网工程、信息管理与信息系统、数据科学与大数据技术等。由计算机类学科交叉融合形成的新工科专业有网络空间安全、人工智能、机器人工程、数字媒体技术、智能科学与技术等。

在新工科建设的“九个一批”中，明确提出“建设一批体现产业和技术最新发展的新课程”“建设一批产业急需的新兴工科专业”。新课程和新专业的持续建设，都需要以适应新工科教育的教材作为支撑。由于各个专业之间的课程相互交叉，但是又不能相互包含，所以在选题方向上，既考虑由计算机类专业派生、扩展形成的新工科专业的选题，又考虑由计算机类专业交叉融合形成的新工科专业的选题，特别是网络空间安全专业、智能科学与技术专业的选题。基于此，清华大学出版社计划出版“面向新工科专业建设计算机系列教材”。

二、教材定位

教材使用对象为“211工程”高校或同等水平及以上高校计算机类专业及相关专业学生。

三、教材编写原则

(1) 借鉴 *Computer Science Curricula* 2013(以下简称CS2013)。CS2013

的核心知识领域包括算法与复杂度、体系结构与组织、计算科学、离散结构、图形学与可视化、人机交互、信息保障与安全、信息管理、智能系统、网络与通信、操作系统、基于平台的开发、并行与分布式计算、程序设计语言、软件开发基础、软件工程、系统基础、社会问题与专业实践等内容。

(2) 处理好理论与技能培养的关系,注重理论与实践相结合,加强对学生思维方式的训练和计算思维的培养。计算机专业学生能力的培养特别强调理论学习、计算思维培养和实践训练。本系列教材以"重视理论,加强计算思维培养,突出案例和实践应用"为主要目标。

(3) 为便于教学,在纸质教材的基础上,融合多种形式的教学辅助材料。每本教材可以有主教材、教师用书、习题解答、实验指导等。特别是在数字资源建设方面,可以结合当前出版融合的趋势,做好立体化教材建设,可考虑加上微课、微视频、二维码、MOOC等扩展资源。

四、教材特点

1. 满足新工科专业建设的需要

系列教材涵盖计算机科学与技术、软件工程、物联网工程、数据科学与大数据技术、网络空间安全、人工智能等专业的课程。

2. 案例体现传统工科专业的新需求

编写时,以案例驱动,任务引导,特别是有一些新应用场景的案例。

3. 循序渐进,内容全面

讲解基础知识和实用案例时,由简单到复杂,循序渐进,系统讲解。

4. 资源丰富,立体化建设

除了教学课件外,还可以提供教学大纲、教学计划、微视频等扩展资源,以方便教学。

五、优先出版

1. 精品课程配套教材

主要包括国家级或省级的精品课程和精品资源共享课的配套教材。

2. 传统优秀改版教材

对于已经出版、得到市场认可的优秀教材,由于新技术的发展,计划给图书配上新的教学形式、教学资源的改版教材。

3. 前沿技术与热点教材

反映计算机前沿和当前热点的相关教材,例如云计算、大数据、人工智能、物联网、网络空间安全等方面的教材。

六、联系方式

联系人：白立军
联系电话：010-83470179
联系和投稿邮箱：bailj@tup.tsinghua.edu.cn

面向新工科专业建设计算机系列教材编委会
2019 年 6 月

面向新工科专业建设计算机系列教材编委会

FOREWORD

前言

2019年，教育部发布了《教育部关于深化本科教育教学改革全面提高人才培养质量的意见》，提出实施国家级和省级一流本科课程建设"双万计划"，着力打造一大批具有高阶性、创新性和挑战度(两性一度)的"金课"，推动课堂教学革命。为贯彻文件精神，切实提高人才培养质量，特编写本教材来引导计算机类专业学生进行创新性、高阶性学习，通过完成具有挑战度的任务提高学生的程序设计能力、问题求解能力。

程序设计课程主要介绍程序设计语言、问题求解方法，是计算机科学重要的基础课程之一。随着科学技术的进步，计算机程序设计人才培养的目标和要求也进一步提高。

程序设计与问题求解能力是评判计算机类专业学生是否具有良好专业素养的重要标准。本教材致力于：①传授经典程序设计知识，引导学生进入C语言程序设计领域，掌握基本的程序设计方法、思维和技能；②通过能力拓展和创新性的问题求解培养计算机类专业学生的问题分析与建模能力、程序实现和调试的能力，引导学生开展高阶性和高挑战度的问题求解实践；③教师可以利用本教材方便地进行教学改革，开发出以能力培养为导向的教学模式，跳出传统"知识传授"型课堂的教学思维，切实落实"以学生为中心"的教学理念。

本书针对计算机科学与技术、软件工程、网络工程、大数据、数学等计算机相关专业的发展需求，全面介绍了C语言程序设计的基本知识，包括程序设计语言概述、数据类型、运算符及表达式、顺序结构、选择结构、循环结构、函数、数组与字符串、指针、结构体与共用体、文件等经典内容，利用C语言编程实现了基本的逻辑，引导学生建立初步的抽象编程思维，并构建C语言程序设计的完整知识体系。同时，在重要章节还引入了能力拓展环节，引导学生利用学习的程序设计知识来求解非传统问题，提高课程的挑战度。课后提供了创新性的习题，进一步巩固和提高学生的计算思维能力、问题求解能力。

本书针对重点、难点部分提供了微课视频，供学生自学或者课后释疑，提供了习题的解答思路及参考代码、在线测评数据，从多个角度引导学生开展自主学习，达到培养和提升学生问题求解能力的目的。

本书由邓泽林、李峰主编,陈曦参与了本书的编写工作。李峰负责编写统筹工作,邓泽林负责整体规划,并撰写了第1～8章及第9章的能力拓展部分;陈曦负责编写第9～11章。本书的部分习题由ACM程序设计竞赛选手徐彬峰整理。

编　者

2024年3月

CONTENTS

目录

第1章 程序设计语言概述

1.1 概　　述

计算机语言是用于编写计算机程序的形式化语言，也称编程语言。计算机语言能够完整、准确、规则地表达用户意图，实现对计算机系统的指挥和控制。计算机语言通常分为三类：机器语言、汇编语言和高级语言。

1.1.1 机器语言

机器语言是用二进制代码表示的，是计算机能直接识别和执行的机器指令。机器语言具有灵活、直接执行和速度快等特点。

机器语言要求编程人员熟记所用计算机的全部指令代码，基于指令代码来处理指令和数据的存储分配、输入输出，以及编程过程中所使用的工作单元的状态。机器语言要求程序员非常熟悉硬件系统，而且程序编写和调试环节需要花费大量的时间，不利于程序设计语言的推广。

1.1.2 汇编语言

为了改善机器语言在易用性、友好性方面的缺陷，程序语言设计人员使用接近人类语言的符号来表示具体的机器指令，如用 ADD 表示加法、SUB 表示减法，形成了一套新的编程语言，即汇编语言。

汇编语言采用了比较接近自然语言的符号系统来帮助记忆和编程，提高了编程语言的灵活性，同时能够面向机器得到质量较高的程序，大大降低了编程门槛，简化了编程过程。但这些符号系统计算机不能直接识别，需要通过源代码翻译才能得到被计算机识别和处理的二进制代码程序。

汇编语言具有内存空间需求小、运行速度快等优点。同时，汇编语言仍然是面向计算机系统的语言，具有使用烦琐、通用性差等缺点。

1.1.3 高级语言

机器语言和汇编语言是面向硬件的，对机器依赖性较强，对编程人员的专业性要求高，难以在普通用户中进行推广应用。因此，程序语言开发人员需要设计与人类自然语言相接近，且能为计算机所接受的通用易学的高级计算机语言。

目前被广泛使用的高级语言有C、C++、Visual C++、Java、C#、Python等,这些语言根据执行方式可以分为两类:第一类是编译型的程序语言,包括C/C++、Visual C++等,这些语言编写的程序需要进行编译、链接,最终生成与机器相关的二进制编码,具有运行速度快、编译后的代码不能跨平台等特点;第二类是以Java为代表的,这类语言开发的程序需要编译器解释,生成与机器无关的中间字节码进行解释执行,能够跨平台,但运行速度相对较慢。为了提高程序执行速度,Java的编译器也可以通过即时编译(Just in Time,JIT)技术将代码转换成可以直接发送给处理器的指令。

这些高级语言与自然语言更接近,便于广大用户掌握和使用,具有良好的通用性、兼容性,便于移植。利用高级语言进行编程活动可以让程序设计人员从计算机硬件的束缚中解脱出来,极大地推动了编程语言的应用,使得程序设计人员能够将主要的精力用于问题的分析、建模和逻辑实现。

1.2 计算机中的信息表示

信息是客观事物属性的反映,数据是反映客观事物属性的记录,任何事物的属性都是通过数据来进行表示的,数据经过加工处理后成为信息。

计算机使用二进制来存储数据、表示信息。二进制是由值0和值1组成的序列,大多数计算机使用8位(bit,b)的块或者字节(Byte,B)来进行数据的表示与编码。位是电子计算机中最小的数据单位,其状态只能是0或1,而字节是最小的可寻址存储器单位。

1.2.1 二进制

二进制是在数学和数字电路中以2为基数的记数系统,通常用两个不同的符号0和1来表示。

因为计算机中每一位可以表示0和1两个状态,所以1位可以表示0和1两个数。如果用2位进行编码来表示数据,则存在4种组合:00、01、10、11,因此可以表示0、1、2、3这4个数。同理,如果用8位(1字节,1B)进行编码来表示数据,则存在2^8种组合,能够表示256个数。

二进制的表示有利于计算机表示和处理数据,为了表示方便,人们将二进制中每4位进行编码可得到十六进制数据。由于人类容易接受和理解的数据是十进制,因此,我们需要在二进制、十六进制和十进制之间进行转换。

(1) 二进制与十进制的转换。

将二进制数01100100转换为十进制:

$$
\begin{aligned}
(01100100)_2 &= 0\times2^7+1\times2^6+1\times2^5+0\times2^4+0\times2^3+1\times2^2+0\times2^1+0\times2^0 \\
&= 64+32+4=100
\end{aligned}
$$

(2) 二进制与十六进制的转换。

将二进制中连续4位进行编码形成一个整数,因为连续4位的最大数为$(1111)_2=15$,所以十六进制需要表示0~15一共16个数,分别用0~9、A~F表示,其中A~F分别表示10~15这6个数。

$(01100100)_2$的16进制表示为0x64(十六进制数以0x或者0X开头)。

1.2.2 ASCII

ASCII(American Standard Code for Information Interchange),即美国信息交换标准代码,是基于拉丁字母的一套计算机编码系统,主要用于显示现代英语和其他西欧语言,是最通用的信息交换标准。ASCII 第一次以规范标准的类型发布于 1967 年,最后一次更新则是在 1986 年,到目前为止共定义了 128 个字符。

ASCII 使用指定的 7 位或 8 位二进制数组合来表示 128 或 256 种可能的字符。标准 ASCII 也称基础 ASCII,使用 7 位二进制数(剩下的 1 位二进制为 0)表示所有的大写和小写字母、数字 0～9、标点符号,以及在美式英语中使用的特殊控制字符。表 1.1 是 ASCII 表中 0～9 的表示。

表 1.1　ASCII 表(0～9)的表示

二进制	十进制	十六进制	字符
0011 0000	48	0x30	0
0011 0001	49	0x31	1
0011 0010	50	0x32	2
0011 0011	51	0x33	3
0011 0100	52	0x34	4
0011 0101	53	0x35	5
0011 0110	54	0x36	6
0011 0111	55	0x37	7
0011 1000	56	0x38	8
0011 1001	57	0x39	9

1.2.3 汉字编码

在英语中,用 128 个符号编码便可以表示所有的字符,但是中文的字符集规模远远超过英文字符集,所以,仅使用 1 字节进行编码不能表示整个汉字字符集,必须使用多字节表达汉字符号。1980 年中国为 6763 个常用汉字规定了编码,称为《信息交换用汉字编码字符集・基本集》,简称 GB2312-80,每个汉字占 16 位。在 Windows 95/98/2000/XP 简体中文版操作系统中,使用的是《汉字内码扩展规范》,简称 GBK,每个汉字占 16 位,它能表示 20 902 个汉字。在 Linux 简体中文版操作系统中,使用的是 UTF-8 编码,能表示 7 万多个汉字。

1.3 程序设计基本概念

1.3.1 程序

计算机程序是程序设计人员根据问题需求编写的指令序列,用于指导计算机系统按既定流程执行并解决问题。

程序设计人员编写的计算机程序称为源代码,源代码不能由计算机直接执行,需要使用相应语言的编译器翻译成机器指令,生成可执行文件,或在语言解释器的帮助下进行解释执行。

在执行可执行文件时,操作系统将其加载到内存中并启动进程,进程指令由中央处理器执行。在执行源代码时,操作系统将相应的解释器加载到内存中并启动一个进程,然后解释器将源代码加载到内存中翻译并执行程序语句。

1.3.2 程序设计

程序设计是根据问题需求设计代码序列的过程,是软件构造活动中的重要组成部分。程序设计过程包括分析、设计、编码、测试、排错等不同阶段,专业的程序设计人员通常被称为程序员。

程序设计活动是在各种约束条件和相互矛盾的需求之间寻求平衡。在计算机技术发展的早期,由于机器资源比较昂贵,程序执行所需的时间和空间代价往往是设计关心的主要因素;随着硬件技术的飞速发展和软件规模的日益庞大,程序的可维护性、复用性、可扩展性等因素变得日益重要。

1.4 C语言的发展历史

C语言诞生于美国的贝尔实验室,由Dennis M. Ritchie以B语言为基础发展而来。随着UNIX的发展,C语言也得到了不断的完善。

1963年,英国剑桥大学在ALGOL 60的基础上研发了CPL(Combined Programming Language)。

1967年,英国剑桥大学的Martin Richards对CPL进行了简化,得到BCPL(Basic Combined Programming Language)。

1970年,美国贝尔实验室的Ken Thompson以BCPL为基础,设计出简单且很接近硬件的B语言(取BCPL的首字母),并用B语言编写了第一个UNIX操作系统。

1972年,美国贝尔实验室的Dennis M. Ritchie在B语言的基础上设计出了一种新的语言,取了BCPL的第二个字母作为这种语言的名字,这就是C语言。

1977年,Dennis M. Ritchie发表了不依赖于具体机器系统的C语言编译文本《可移植的C语言编译程序》。

在1989年诞生了第一个完备的C标准,简称C89,也就是ANSI C。

1.5 简单的C语言程序

目前,用于C语言程序开发的编译器有CodeBlocks、Dev Cpp、Visual C++、Boland C等,其中CodeBlocks编译器是主流的编译器。

使用CodeBlocks开发Hello World的过程如下。

1. 启动 CodeBlocks

双击 CodeBlocks 应用程序，出现图 1.1 所示界面。

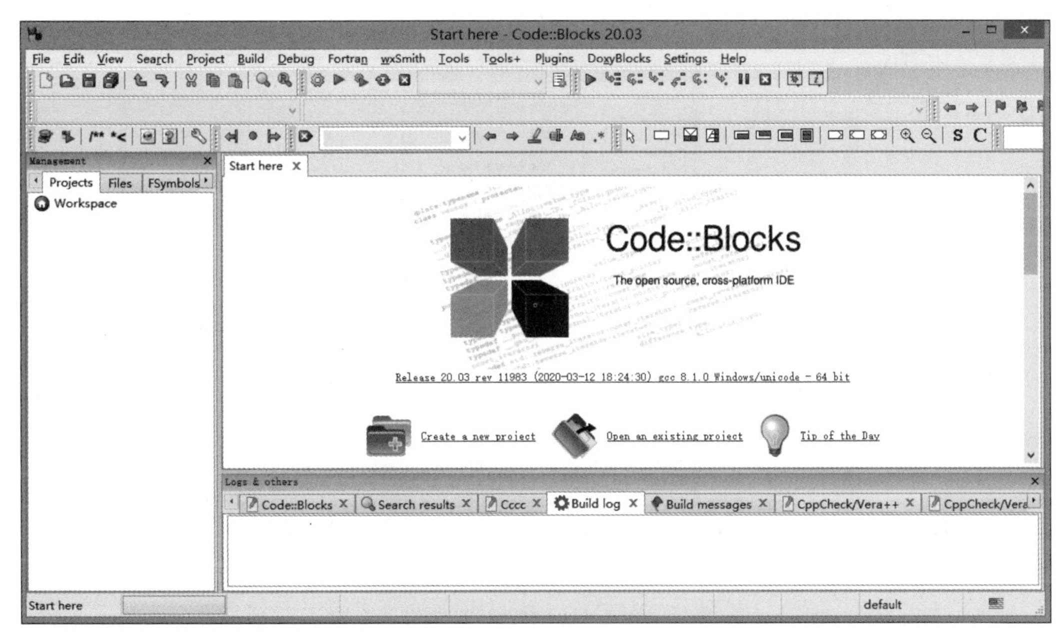

图 1.1　CodeBlocks 启动界面

2. 创建程序

单击 File→New→Project，弹出 New from template 对话框，如图 1.2 所示。在对话框中选择 Console application 选项，如图 1.3 所示。

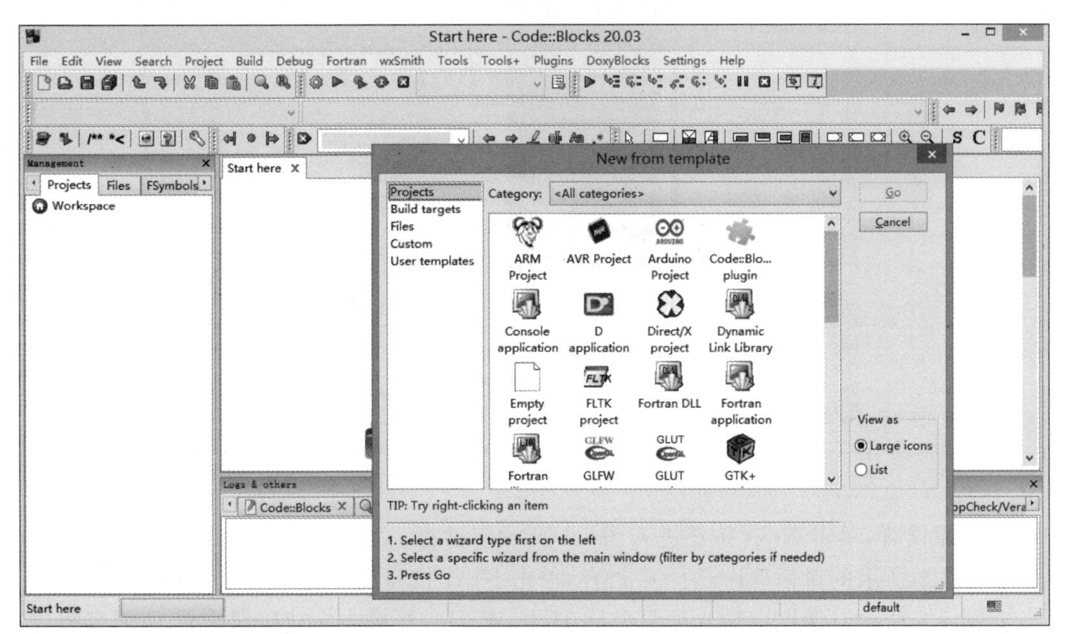

图 1.2　New from template 对话框

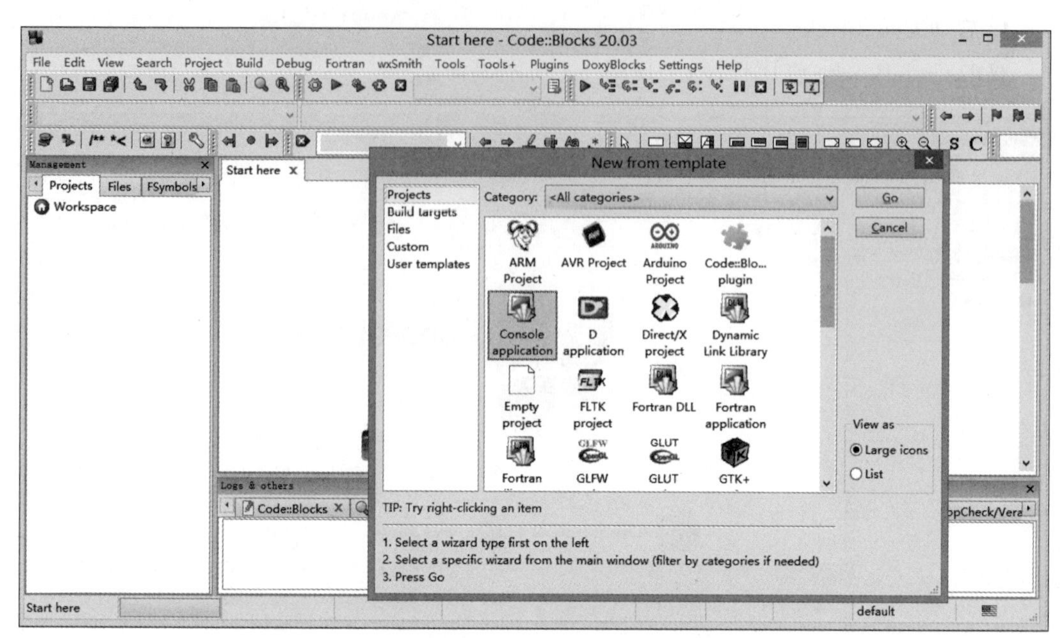

图 1.3 选择 Console application 选项

选定 Console application 之后,单击 GO 按钮进入图 1.4 所示对话框。

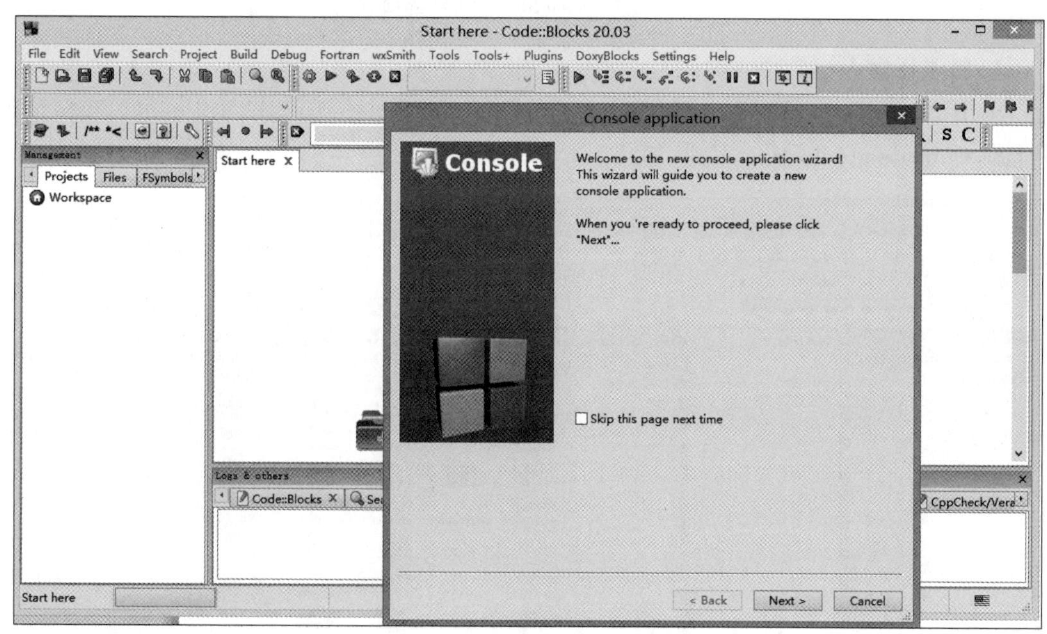

图 1.4 配置下次是否跳过对话框

保持原设置,单击 Next 按钮进入图 1.5 所示对话框。

在图 1.5 所示的对话框中选择 C 语言,单击 Next 按钮进入图 1.6 所示对话框。

在图 1.6 所示对话框中输入项目名称 HelloWorld,并单击"..."按钮配置 C 语言程序文件存放目录,Project filename、Resulting filename 将会自动生成。然后单击 Next 按钮进入图 1.7 所示对话框。

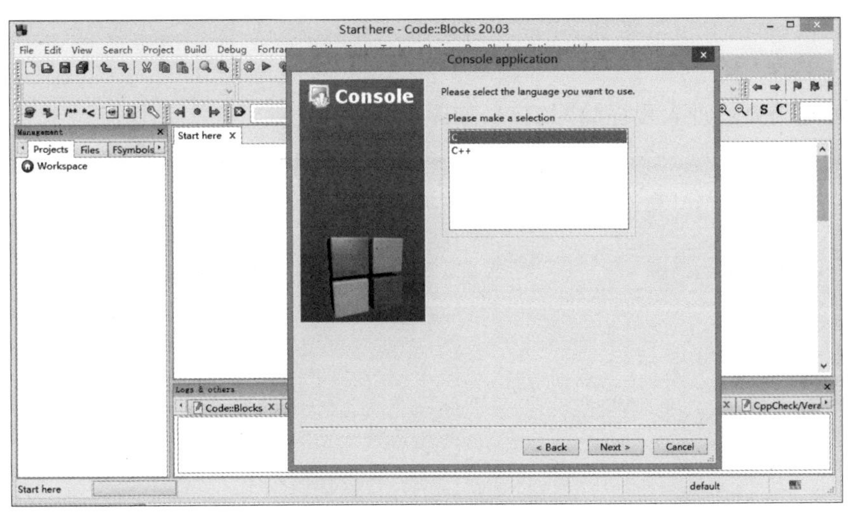

图 1.5　语言选择对话框

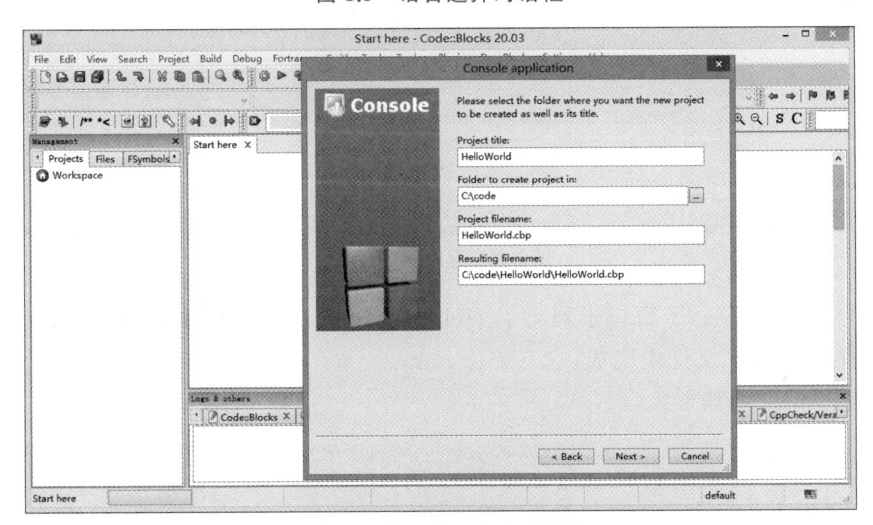

图 1.6　输入项目名称对话框

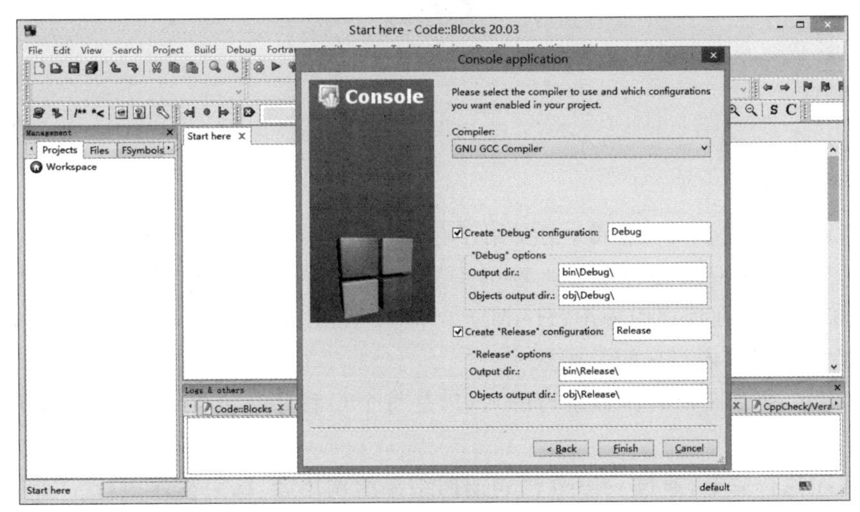

图 1.7　项目创建结束对话框

保持默认,单击 Finish 按钮,完成项目创建。

3. 编写程序

项目创建结束后进入程序编写窗口,如图 1.8 所示。

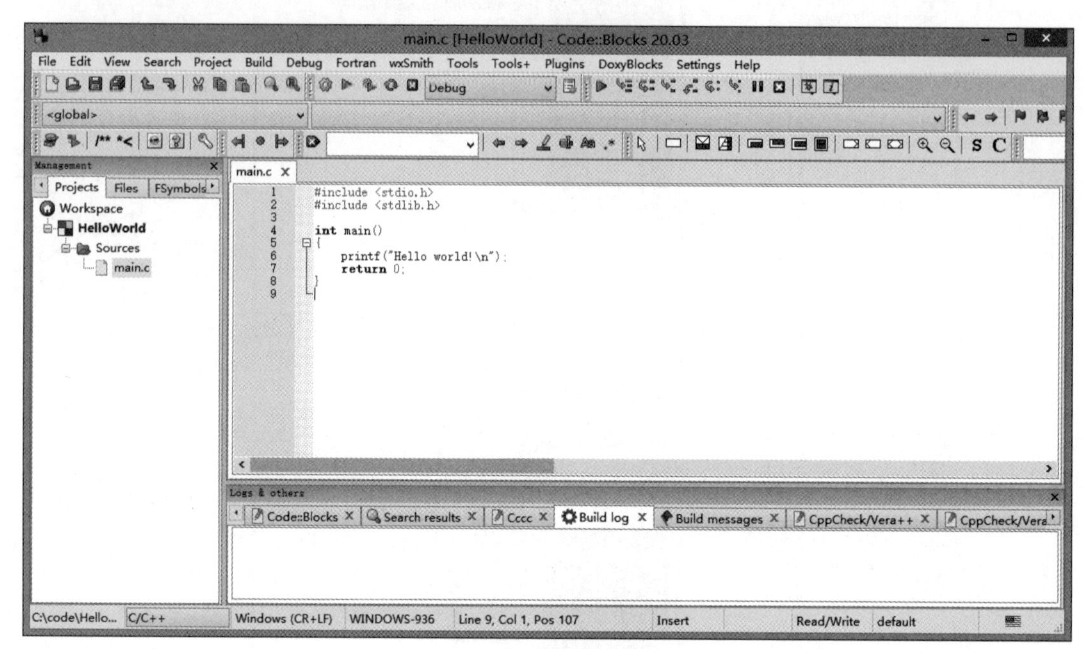

图 1.8　程序编写窗口

窗口的左边 Project 子窗口中列出了 HelloWorld 项目及示例源代码 main.c,大部分编程工作都将在 main.c 文件中完成。

main.c 中的代码如下:

```
#include <stdio.h>
#include <stdlib.h>

int main(){
    printf("Hello world!\n");
    return 0;
}
```

示例代码解释:

(1) #include 是预处理指令,主要用于包含头文件,这些头文件中定义了程序运行所需的函数。其中,stdio.h 是标准输入输出头文件,定义了输入输出有关的函数,如 printf()函数就是输出函数,在程序中输出“Hello world!”;stdlib 是标准库文件,定义包括字符串与数字的转换、随机数、内存分配等函数。

(2) main()函数是所有函数运行的入口,是每个 C 程序必包含的一个函数,负责程序的启动和执行。

(3) 程序执行完毕,通过 return 语句返回结果给调用者,结束程序执行。

4. 编译程序

当程序编写完毕后，单击菜单 Build，选择 Build 操作编译程序，或者从工具栏上单击 Build 快捷按钮进行编译，如图 1.9 所示。

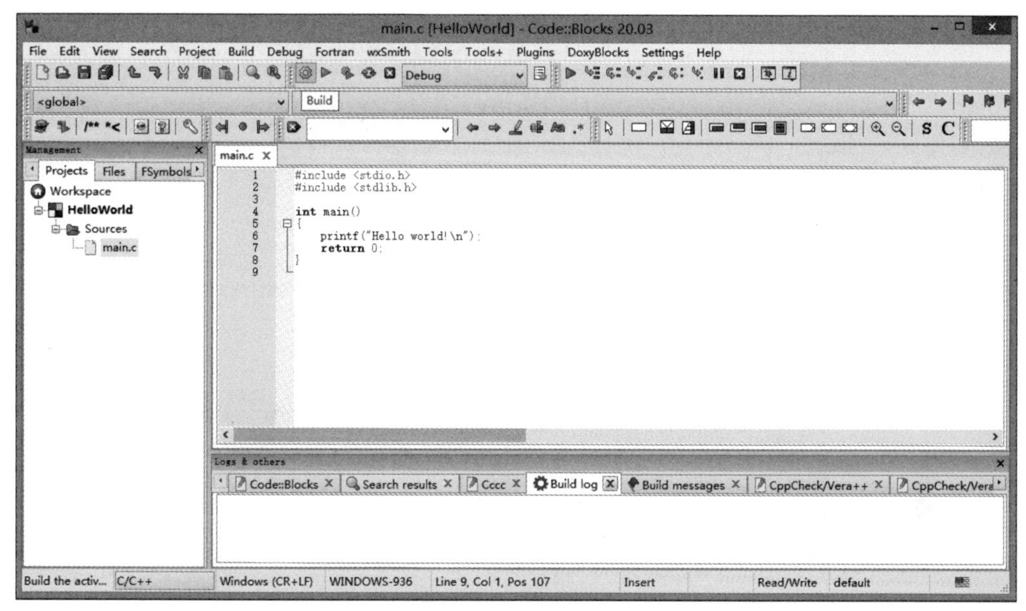

图 1.9　程序编译

编译执行后，会在 Build log 窗口显示编译信息，如图 1.10 所示。如果程序有错误，会提示错误原因和位置，如果信息为 0 error(s)，说明程序没有错误，可以进行下一步程序运行，否则，程序不能运行，需要编程人员正确修改错误并重新编译，直到编译成功。

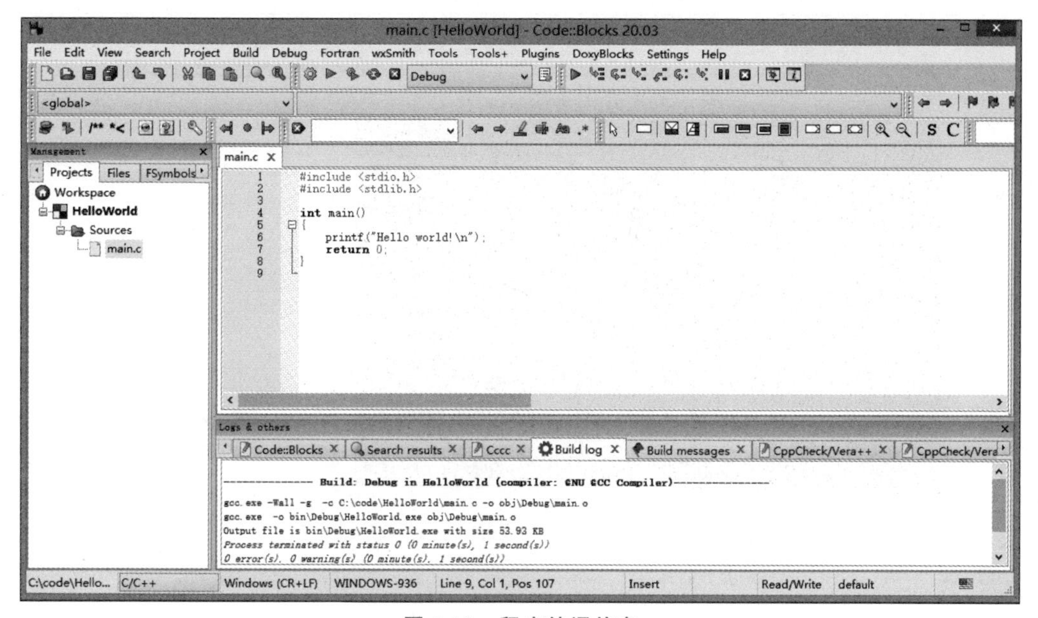

图 1.10　程序编译信息

5. 运行程序

当程序编译成功后,单击菜单栏 Build,选择 Run 操作,或者在工具栏上选择 Run 快捷键,如图 1.11 所示。

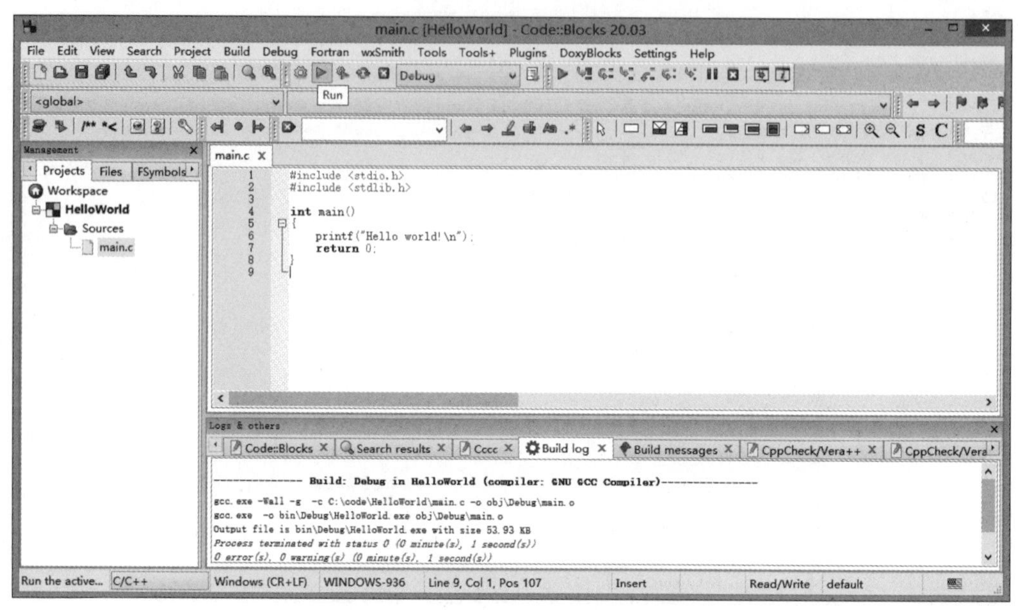

图 1.11 程序运行

程序输出如图 1.12 所示。按照程序逻辑输出了"Hello world!",说明程序执行正确。对于复杂的程序,即使能够通过编译,但运行结果不一定正确,这是因为程序中虽然不存在语法错误,但存在逻辑错误,需要编程人员跟踪、调试,确定错误原因并进行修改。

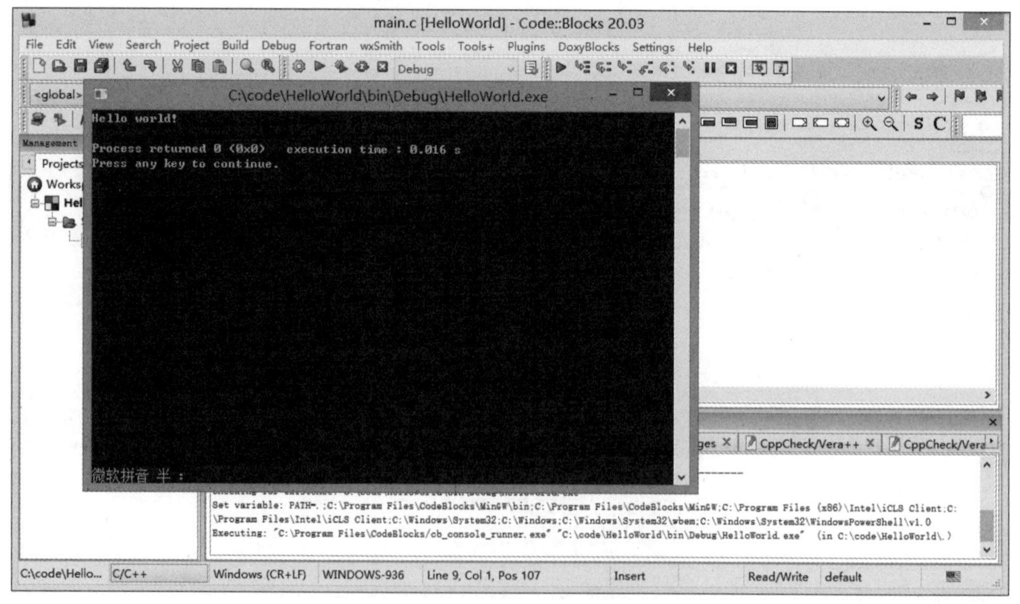

图 1.12 程序运行结果

◇ 习　　题

（1）计算机语言分为哪几类？每类的特点是什么？

（2）将 1000 转换成二进制，并通过二进制编码表示为十六进制。

（3）计算机系统可以方便地表达英文字母的原因是什么？为什么用计算机系统表示汉字是更复杂的任务？具体的解决方案是什么？

（4）为什么说程序设计是在“各种约束条件和相互矛盾的需求之间寻求平衡”？

（5）解释 C 语言的可移植性。

（6）使用任意一款 C 语言编译器编写 Hello world 程序。

第2章 数据类型

2.1 标识符与关键字

2.1.1 标识符

标识符(identifier)是程序中的基本元素,用于常量、变量、函数等程序元素的命名。

命名规则:标识符必须以非数字字符(下画线或者英文字符)开头,由英文字符、数字字符或下画线组合进行命名。

标识符的分类:

(1) 关键字:系统保留的用于特殊说明的标识符,如 const、void 等。

(2) 预定义标识符:C 语言中系统预先定义的标识符,如 main、include 等。

(3) 用户标识符:由用户在编写程序中根据需要自行定义的标识符,如变量名称、函数名等。

合法的用户标识符要满足标识符命名规则,且不能与关键字、预定义标识符冲突。以下标识符命名是正确的:

Name、_score、tel_num、address1、i2

非法的用户标识符示例如下所示:

main、for、2i、123、student$、s@123

为了提高程序的可读性,标识符的命名要能够体现变量、函数的意思,可以使用完整的单词、多个单词进行命名,而不要使用单个字符,或者无具体意义的字符组合。

例如,命名标识符表示学生的住址,可以使用 student_address,或者简写为 stuAddr,使得程序员通过标识符即可清楚代码的意思,增强代码的表达能力。

2.1.2 关键字

在任何编程语言中都有一套基本的符号用于源码的标识和解析,用户定义的标识符不能与之相同,否则会导致语法错误,这种编译器自用的标识符称为关键字。

C 语言中具有 32 个关键字:

auto、break、case、char、const、continue、default、do、double、else、enum、extern、float、for、goto、if、int、long、register、return、short、signed、sizeof、static、struct、switch、typedef、union、unsigned、void、volatile、while。

2.2　数据类型与标识符声明

C 语言的数据类型包括基本类型、指针类型、构造类型、空类型等。其中，基本类型包括数值型(整型和浮点型)、字符型，构造类型包括数组、结构体、联合体、枚举类型等。

数据类型的构成如图 2.1 所示。

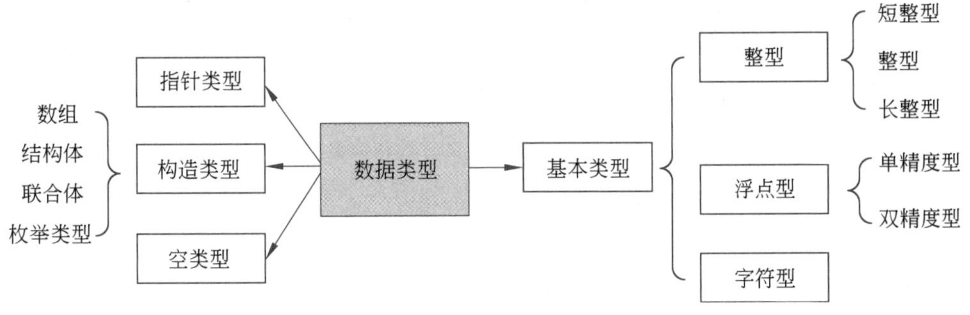

图 2.1　C 语言数据类型

各种类型的存储空间与操作系统的位数有关(主要分为 32 位和 64 位系统)。本章主要介绍每种类型在 32 位系统上的存储空间。

2.2.1　整型

整型分为有符号整型和无符号整型，C 语言中整型数据类型可以使用下面 4 种修饰符的搭配来描述数据的长度和取值范围：

(1) signed(有符号)。

(2) unsigned(无符号)。

(3) long(长型)。

(4) short(短型)。

signed 与 unsigned 的区别在于在数据存储时是否存在符号位。因为符号位需要占用 1 位进行表示，导致有符号和无符号类型在数据范围上存在差别。

整型的存储所占用字节数及相应的取值范围如表 2.1 所示。

表 2.1　整型的存储所占用字节数及相应的取值范围

数据类型	字节数	取值范围
[signed] short [int]	2	−32 768～32 767
unsigned short [int]	2	0～65 535
[signed]int	4	−2 147 483 648～2 147 483 647，即 $-2^{32}\sim 2^{32}-1$
unsigned int	4	0～4 294 967 295
[signed] long [int]	4	−2 147 483 648～2 147 483 647，即 $-2^{32}\sim 2^{32}-1$
unsigned long [int]	4	0～4 294 967 295
[signed] long long [int]	8	−9 223 372 036 854 775 808～9 223 372 036 854 775 807
unsigned long long	8	0～18 446 744 073 709 551 615

以上不同类型的存储空间在CodeBlocks编译器中得以验证,其中long和int的存储空间都是4字节,因此具有相同的整数表示范围。实际上,各编译器可以根据硬件特性自主选择合适的类型长度,但要遵循下列限制:short与int类型至少为16位,long类型至少为32位,并且short类型不得长于int类型,int类型不得长于long类型。

2.2.2 浮点型

浮点型数由符号位、指数位和尾数位组成,是真实数据的近似值。

浮点型用于定义实数变量,其类型主要有单精度浮点型float和双精度浮点型double,所占用字节数和取值范围如表2.2所示。

表2.2 浮点型数据的字节数和取值范围

数据类型	字节数	取值范围
float	4	$-2^{128}\sim+2^{128}$,即$-3.4\times10^{38}\sim+3.4\times10^{38}$
double	8	$-2^{1024}\sim+2^{1024}$,即$-1.797\times10^{308}\sim+1.797\times10^{308}$

1. 单精度浮点型

单精度浮点型存储空间为4字节,输出结果保留小数点后6位,多余的按照四舍五入去掉,若不满6位用0补齐。

2. 双精度浮点型

双精度浮点型输出结果保留小数点后6位,多余的按照四舍五入去掉,若不满6位用0补齐。

2.2.3 字符型

C语言中的字符采用ASCII表示,ASCII是一种标准的字符编码方式,规定每个字符对应一个整数,例如,十进制数65对应大写字母A,97对应小写字母a。

字符型数据存储空间为1字节,因此表示的整数范围为0～255。

根据是否有符号,可以定义有符号字符型char(取值范围-128～127)和无符号字符型unsigned char(取值范围0～255)。

2.2.4 标识符声明

标识符声明语法:

```
<声明说明符><声明符>;
```

声明说明符包括如下元素:

存储类型:auto、static、extern和register,在定义变量时最多使用一种存储类型,且必须放置在声明说明符的最前面。

类型限定符:const和volatile,可以包含零个或多个限定符。

类型说明符:void、char、short、int、long、float、double、signed、unsigned。

例如:

```
extern const unsigned long int a;
```

2.3　数据存储原理

2.3.1　原码、反码和补码

计算机中整数的二进制表示方法有原码、反码和补码 3 种表示形式，均有符号位和数值位两部分，符号位都是用 0 来表示“正”，用 1 来表示“负”。

正整数的原码、反码、补码都相同，负整数编码计算方法如下：

(1) 原码：将数值按照正负数的形式用二进制进行表示。

(2) 反码：原码的符号位不变，其他位依次取反。

(3) 补码：反码＋1。

例 2.1　求 32 位下整数－6 的原码、反码和补码。

原码是指一个数的二进制表示，第一位是符号位，正数为 0，负数为 1。

32 位下整数－6 的原码为：

1000 0000 0000 0000 0000 0000 0000 0110

反码是指将原码中除符号位以外每一位取反后得到的二进制数，由此得到－6 的反码为：

1111 1111 1111 1111 1111 1111 1111 1001

补码是将反码加 1 后得到的二进制数，由此得到－6 的补码为：

1111 1111 1111 1111 1111 1111 1111 1010

整型数据都是以补码的形式储存在内存中的，其原因是使用补码可以将符号位和数值域统一处理；同时，由于 CPU 只有加法器，所以使用补码可以将加法和减法进行统一处理。补码与原码相互转换的运算过程是相同的，不需要额外的硬件电路，如原码到补码需取反加 1，补码到原码也只需取反加 1。

2.3.2　大小端存储

大小端字节序指的是数据在计算机中存储的字节顺序。由于数据往往是利用多个字节进行表示的，这些字节在不同的计算机系统中存在如下两种不同的组织形式。

(1) 大端(存储)模式：数据的低位存储在内存的高地址中，数据的高位存储在内存的低地址中。

(2) 小端(存储)模式：数据的低位存储在内存的低地址中，数据的高位存储在内存的高地址中。

以存储整数 20 为例，说明大端、小端存储模式。

整数 20 的存储空间为 4 字节，这 4 字节在地址空间中是连续的，每字节都有地址编号，编号大的称为高地址、编号小的称为低地址。

整数 20 用十六进制可以表示为 0x00000014，可以按图 2.2(a)进行存储，也可以按图 2.2(b)进行存储，分别表示了大端、小端存储模式。

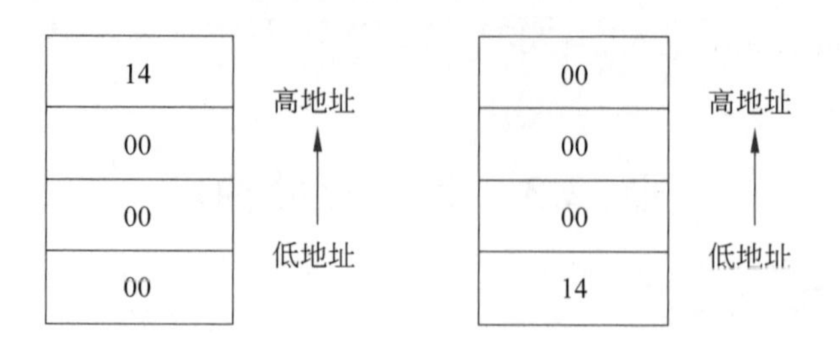

(a) 大端模式：低位存高地址　　(b) 小端模式：低位存低地址

图 2.2 大端、小端存储模式

2.3.3 整型在内存中的存储模式

例 2.2 查看系统中整数的存储模式。

首先定义两个整数 a、b，其存储的数据分别为 1000 和 −1000，代码如下：

```
#include <stdio.h>
#include <stdlib.h>

int main(){
    int a = 1000;
    int b = -1000;
    return 0;
}
```

此时，系统会分配两个整型的存储空间来存储，接下来观察整数的存储模式。

单击 Debug→Debugging windows→Memory dump 选项，打开内存查看器，如图 2.3 所示。

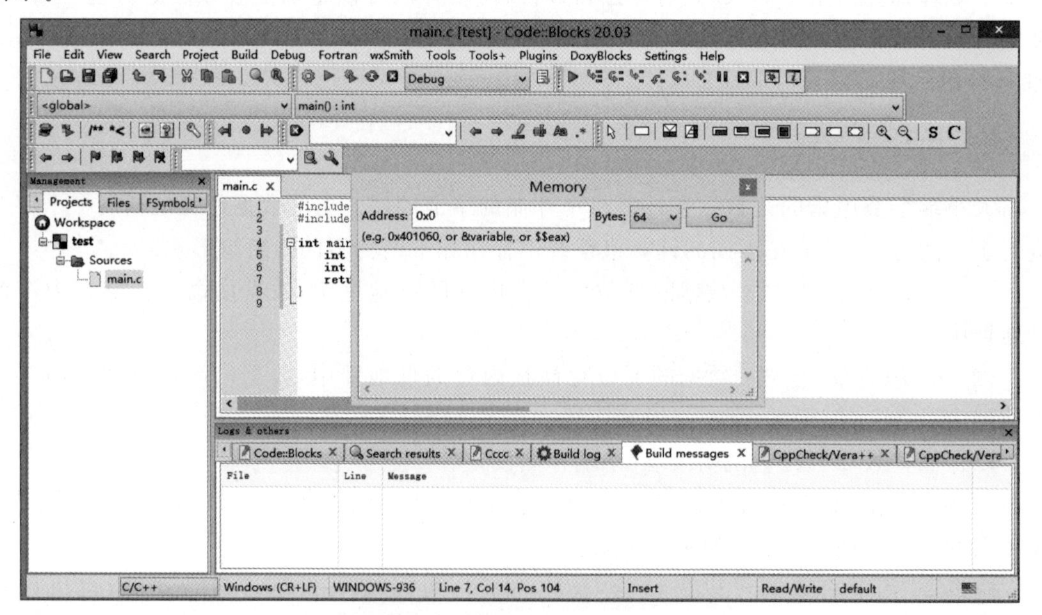

图 2.3 打开 Memory dump

通过单击行标 5 后面的区域，在行 int a =1000 处加上断点，如图 2.4 所示。然后单击 Debug→Start/Continue 选项。

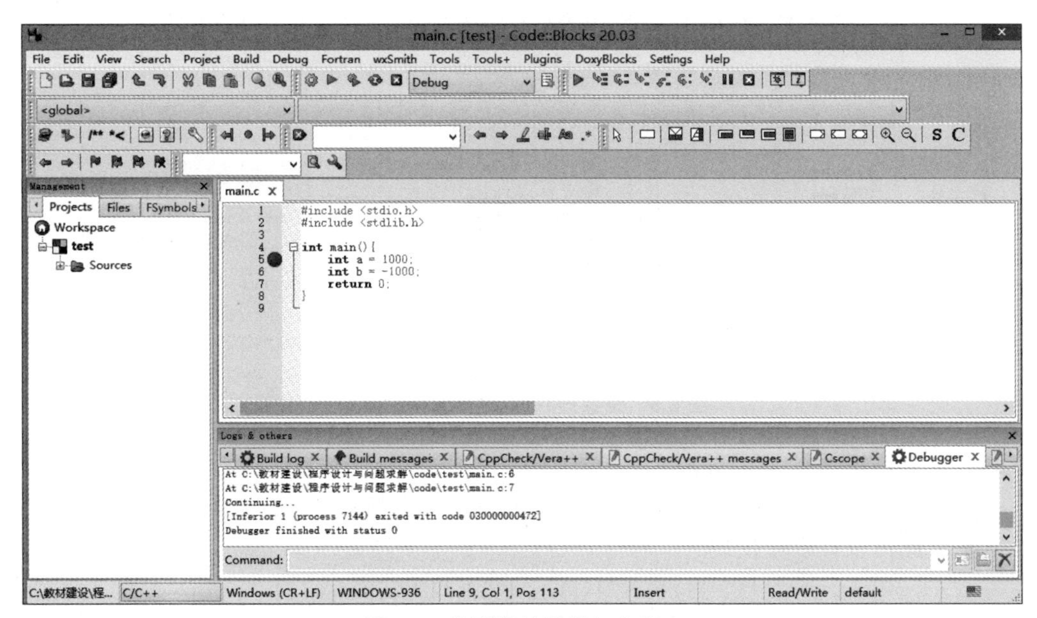

图 2.4　为观察的数据加上断点

单击 Debug→Next line 选项逐行执行，当 int a=1000 被执行后，在 Memory 窗口加入 &a 即可查看整数 1000 的存储模式，如图 2.5 所示。

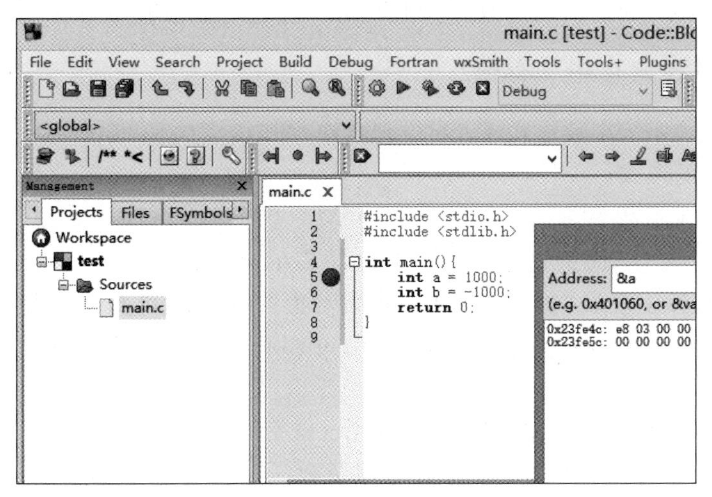

图 2.5　整数 1000 的存储模式查看

因为正整数占用 4 字节，所以 1000 的十六进制表示为 0x000003e8。由图 2.5 可知整数低位存储于低地址，所以，本系统的存储模式为小端存储。

接下来观察 int b=−1000，了解系统中负数的存储形式。

通过 Debug 调试，−1000 的存储模式如图 2.6 所示。

−1000 与 1000 的表示差异很大，因为正整数的原码、补码是相同的，可以直接查看，而负数是使用补码进行存储的，需要进行原码到补码的转换后才能进行存储。

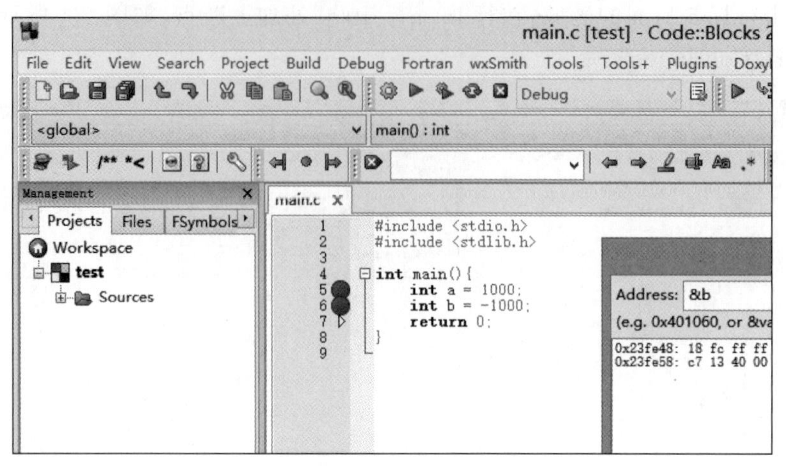

图 2.6　整数－1000 的存储模式查看

(1) 首先确定－1000 的原码：

1000 0000 0000 0000 0000 0011 1110 1000

(2) 由此可以计算出反码：

1111 1111 1111 1111 1111 1100 0001 0111

(3) 最终得到补码：

1111 1111 1111 1111 1111 1100 0001 1000

(4) 十六进制表示为 0xfffffc18

按照小端存储可知－1000 的存储字节顺序为 18fcffff，与图 2.6 中表示相同。

2.3.4　浮点数在内存中的存储

浮点数一般表示为小数形式或者科学记数法，如 2.5、1.0e10 等，任意一个二进制浮点数 V 可以写成下面的形式：

$$(-1)^S \times M \times 2^E$$

其中，M 表示有效数字，大于或等于 1，小于 2，2^E 表示指数位。

如十进制的 5.0，写成二进制是 101.0，可表示为 1.01×2^2，由此可得出 $S=0$，$M=1.01$，$E=2$。十进制的－5.0，写成二进制是－101.0，可表示为 -1.01×2^2，由此可以得出 $S=1$，$M=1.01$，$E=2$。

以单精度浮点型 32 位数据为例，其存储由 3 部分组成：

(1) 符号位用 1 位(0、1) 即可表示正数或负数。

(2) 指数 E 用 8 位进行表示。

(3) 剩下的 23 位为有效数字 M。

如图 2.7 所示。

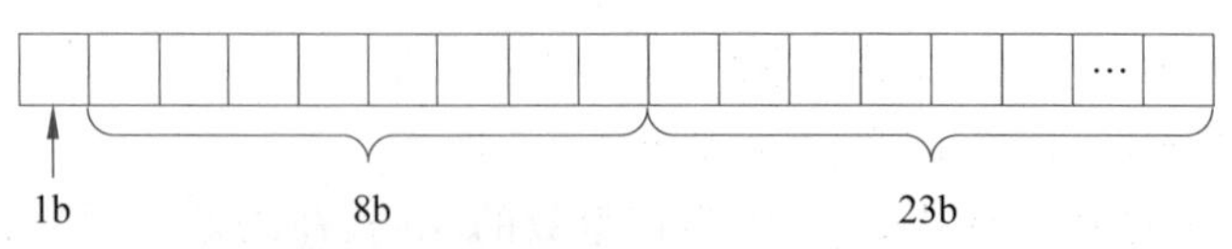

图 2.7　32 位浮点型数据存储结构

对于 64 位数据，其存储方式与 32 位相同，只是在 E 和 M 的存储上空间比 32 位要大，如图 2.8 所示。

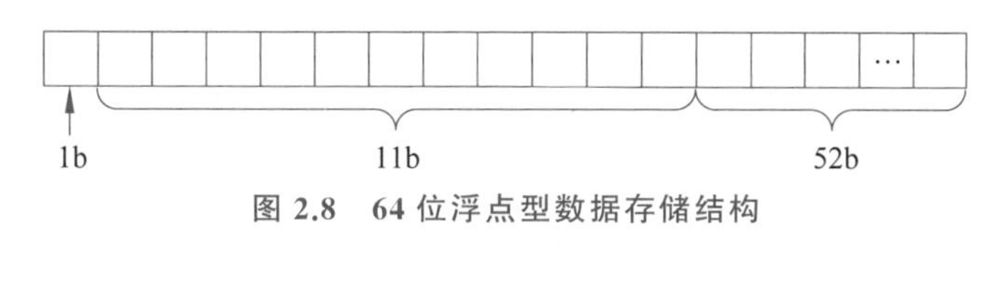

图 2.8 64 位浮点型数据存储结构

2.4 常 量

2.4.1 整型常量

整型常量即整数，包括正整数、负整数和零。在 C 语言中，整型常量可以用十进制、八进制和十六进制表示。

十进制表示：由数字 0～9，正、负符号组成，如 985、－100 等。

八进制表示：以 0 为前缀，其后由数字 0～7 组成，是无符号数，如 075、021 等，而如 0192、－011 都是不合法的八进制常量。

十六进制表示：以 0x 或 0X 为前缀，其后由数字 0～9 和字母 A～Z 组成，如 0x123、0X9A 等。

为了标识一个整型常量是无符号或者长整型，需要在常量后面跟上字母 u(U)、l(L)，如 123L、20U 等。

2.4.2 实型常量

实型常量即实数，又称浮点数。在 C 语言中，实数只能用十进制数表示，实数的表示方法有两种：小数形式和指数形式。

(1) 小数形式：由整数部分、小数点和小数部分组成，当整数部分或小数部分为 0 时可以省略不写，但是小数点不可以省略。如 98.5、.25、2.等均为正确的实数。

(2) 指数形式：由尾数部分、字母 E 或 e 和指数部分组成，格式为±尾数 E 指数。

如 2.21E－2、2.5E＋5 等，表示的数值分别为 0.0221、250000。

在 C 语言中，实型常量默认为是 double 型的实数，如果在数的后面加字母 f 或 F(如 2.52f、123.45F)，则认为是 float 型的实数。

2.4.3 字符型常量

字符型常量指单个字符，用一对单引号括起的字符表示。如'a'、'B'、'＝'等都是合法的字符型常量。在 C 语言中，字符型常量有以下特点：

(1) 字符型常量只能用单引号括起来，不能用双引号或其他括号。

(2) 字符型常量只能是单个字符，不能是字符串。

(3) 字符可以是 ASCII 字符集中的任意字符。

使用字符型常量时，每个字符在内存中占用一个字节，用于存储 ASCII 的值，所以 C 语言中的字符型常量具有数值特征，可以像整数一样参与运算。

另外,对于控制符(如回车、换行等)与不可见字符,在C语言中通过转义字符来表示。转义字符由'\'开头后面加上一个字符或用八进制、十六进制表示的ASCII码值组成,用于改变字符原有的含义。

常见的转义字符如表2.3所示。

表2.3 常见转义字符

转义字符	转义功能	ASCII的值
\0	空字符	0
\a	响铃	7
\b	退格	8
\t	水平制表符	9
\n	回车换行	10
\v	竖向跳格	11
\f	换页	12
\r	回车	13
\"	双引号	34
\'	单引号	39
\?	问号	63
\	反斜线	92
\ddd	1~3位八进制所代表的字符	
\xhh	1~2位十六进制所代表的字符	

2.5 变　　量

在程序执行过程中允许其值被改变的量叫作变量,根据具体的变量类型分配相应的存储空间。变量通过变量名(标识符)在源代码中进行访问,变量名实际上是一个符号化的内存地址,在对程序编译链接时,由系统为每个变量分配一个地址,用于保存变量的值。

2.5.1 变量的命名规则

在C语言中,变量的命名规则遵从标识符的命名规则:

(1) 只能由字母、数字、下画线组成;

(2) 第一个字符必须是英文字母或者下画线;

(3) 有效长度为255个字符;

(4) 不可以包含标点符号和类型说明符(%、&、!、#、@、$);

(5) 不可以是关键词。

2.5.2 变量的定义与声明

1. 变量的定义

定义变量一般形式:

```
<类型名称><变量名称>;
```

例如：

```
float a;            //定义变量浮点型变量 a
int b;              //定义整型变量 b
inta,b;             //定义整型变量 a、b
```

2. 变量的声明

变量的声明有两种：一种是需要分配内存的;另一种是不需要分配内存的。

(1) 需要分配内存的声明。

```
char x;             //声明且定义变量 x
int y;              //声明且定义变量 y
```

(2) 不需要分配内存的声明。

```
extern char x;          //声明变量 x,说明 x 是外部变量,在程序中已经定义
```

2.5.3　变量的赋值与初始化

赋值语句：

```
<变量> = <值>
```

如 x=10,其中“=”是赋值符号,将符号右侧的值放入左侧的变量中,也可以将一个变量的值赋给另一个变量：

```
a = b;
```

即将变量 b 中存储的值放入变量 a 中,实现值的复制。

变量在定义时也可赋值,称为变量初始化：

```
<类型名称><变量名称> = <初始值>;
```

例如

```
int score = 60;
```

即定义一个变量 score,其类型为 int,初值为 60。

习　　题

(1) 标识符的定义规则是什么?

(2) C 语言中有哪些关键字?

(3) C 语言中有哪些数据类型,在 32 位系统下的存储空间是多少?

(4) 如果 unsigned int 的存储需要 4 字节,则其能够表示的范围是多少?

(5) 浮点型数据的表示方式由哪几部分组成?

(6) 给出 1000 的原码、反码和补码。

(7) 查看你的计算机是大端存储还是小端存储。

第3章

运算符与表达式

程序中的逻辑需要通过对数据进行运算来实现，运算的方式与数学运算一样，也是使用运算符。运算符作用于操作数，指明了需要进行的运算和操作，操作数包括常量、变量或者表达式。运算符是用于对两个或者两个以上操作数进行运算的符号，主要包括算术运算符、赋值运算符、关系运算符、逻辑运算符等，运算符和操作数组成了表达式。

3.1　简单赋值运算符及逗号运算符

运算符是组成表达式的基本元素。在介绍运算符和表达式之前先介绍两个最基本的运算符，即简单赋值运算符和逗号运算符。

3.1.1　简单赋值运算符及表达式

简单赋值运算符用于变量的赋值操作，赋值表达式语法为：

```
[类型] 变量 = 数值;
```

其中，变量是一个合法的标识符，用于标识内存中的一个存储单位，其存储空间由类型决定。在进行运算之前，该变量存储的数值通过赋值运算进行赋值。

在声明变量的同时赋值，称为变量初始化，例如：

```
int x = 10;
```

或者，在程序运行的过程中，改变已声明变量的值，例如：

```
x = 20;
```

3.1.2　逗号运算符及表达式

多个表达式用逗号连接起来，构成一个更大的表达式，其表达式语法为：

```
[类型] 变量 1[= 值 1],变量 2[=值 2],…,变量 n[=值 n]
```

例 3.1　定义整型变量 x、y，并分别赋值。

```
int x = 10, y = 20;
```

上述语句利用逗号表达式声明两个整型变量 x、y，并分别赋初值 10、20。

3.2　算术运算符及表达式

算术运算符用于数值运算，其表达式主要用于双目运算，通过加（＋）、减（－）、乘（＊）、除（/）、取余（%）表达变量之间的计算方法，如表 3.1 所示。

表 3.1　算术运算符的意义、表达式示例及运算结果

符号	意　　义	表达式示例及运行结果
＋	双目运算，计算两个操作数的和	int x=1,y=2; 执行：x+y 结果：3
－	一般用于双目运算，计算两个操作数的差值；也可用于单目运算，用于变量取负值	例：int x=1,y=2; 执行：x-y 结果：-1 例：执行-x 结果：-1
＊	用于双目运算，计算两个操作数的乘积	例：int x=1,y=2; 执行：x * y 结果：2
/	用于双目运算，计算两个操作数的商。如果参与运算的两个操作数都为整数，则计算结果为去掉小数部分得到整数	例：int x=4,y=2; 执行：x/y 结果：2 执行：y/x 结果：0
%	求两个操作数的取余操作，参与运算的数要求为整数	例：int x=2,y=5; 执行：x%y 结果：2

3.3　自增自减运算符

自增运算符（＋＋）、自减运算符（－－）用于整型变量的自增、自减运算，运算符可以位于整型变量的左侧或者右侧。

例 3.2　自增运算示例。

```
int x = 10;
x ++;
```

此时，x 的值为 11，等价为 x=x+1。因此，自增自减运算符可以视为一个赋值表达式。根据运算符在变量左侧或者右侧的不同，计算结果存在如表 3.2 所示两种情况：

表 3.2 自增自减示例

符号	表达式示例	运行结果
++	int x=10; (1) int y=x ++; (2) int y=++ x;	(1) x=11、y=10 (2) x=11、y=11
--	int x=10; (1) int y=x --; (2) int y=-- x;	(1) x=9、y=10 (2) x=9、y=9

可见在赋值语句中,自增自减运算符位于变量的左侧或者右侧时,其结果并不相同。由表 3.2 中示例可知表达式 x++,x--的值为 x,表达式++x,--x 的值分别为 x+1,x-1,变量 x 执行相应的加 1 或减 1 操作。

3.4 关系运算符及表达式

关系运算符用于数值之间的比较运算,包括大于(>)、小于(<)、等于(==)、大于或等于(>=)、小于或等于(<=)和不等于(!=)。比较运算的结果取值为“真”或者“假”,C 语言用 0 表示假、非 0 表示真,如表 3.3 所示。

表 3.3 关系运算符

符号	意　　义	表达式示例及运行结果
>	双目运算,比较两个数值之间是否存在大于关系	int x=1,y=2; 执行: x>y 结果: 假(值为 0)
<	双目运算,比较两个数值之间是否存在小于关系	例: int x=1,y=2; 执行: x<y 结果: 真(值为非 0)
==	双目运算,判断两个数是否相等	例: int x=1,y=2; 执行: x==y 结果: 假(值为 0)
>=	双目运算,比较两个数值之间是否存在大于或等于关系	例: int x=1,y=2; 执行: x>=y 结果: 假(值为 0)
<=	双目运算,比较两个数值之间是否存在小于或等于关系	例: int x=2,y=2; 执行: x<=y 结果: 真(值为非 0)
!=	双目运算,比较两个数值之间是否存在不相等的关系	例: int x=2,y=2; 执行: x !=y 结果: 假(值为 0)

例 3.3 判断一个数是否为偶数。

```
int x = 10;
int result = (x % 2 == 0);
//通过 x%2 的结果是否为 0 可以判断 x 是否为偶数,如果等于 0 则为偶数,否则为结果为非 0,
//表示奇数
```

逻辑运算符及其表达式

 3.5　逻辑运算符及表达式

逻辑运算符用于逻辑运算，其表达式由表 3.4 逻辑运算符与（&&）、或（||）、非（!）组成，如表 3.4 所示。

表 3.4　逻辑运算符

<table>
<tr><th>符号</th><th>意　　义</th><th>表达式示例及运行结果</th></tr>
<tr><td>&&</td><td>双目运算，用于计算两个操作数逻辑与的结果。当两个操作数都为真时（非 0），结果为真（非 0），否则为假（0）</td><td>执行：
1&&1、1&&0、0&&1、0&&0
结果分别为：
1、0、0、0</td></tr>
<tr><td>||</td><td>双目运算，用于计算两个操作数逻辑或的结果。当两个操作数中有一个操作数为真时（非 0），结果为真（非 0），否则为假（0）</td><td>执行：
1||1、1||0、0||1、0||0
结果分别为：1、1、1、0</td></tr>
<tr><td>!</td><td>单目运算，将操作数的逻辑值取反</td><td>执行：!0、!1
结果分别为：1、0</td></tr>
</table>

例 3.4　判断给定年份是否为闰年。

判定年份 year 是否为闰年需要满足如下两个条件中的一个：

（1）能被 4 整除但不能被 100 整除；

（2）能被 400 整除。

条件（1）中包含两个关系，且两个关系之间是逻辑与的关系；条件（2）中包含一个关系。条件（1）、（2）之间是逻辑或的关系。

因此，判断年份 year 是否为闰年可按如下代码列出表达式：

```
int year = 2000;
int result = ((year %4 == 0 && year %100 != 0) || (year %400 == 0));
```

位操作运算符及其表达式

3.6　位操作运算符及表达式

位运算符能够对参与运算的数按二进制位进行运算，包括位与（&）、位或（|）、位非（～）、位异或（^）、左移（＜＜）、右移（＞＞），如表 3.5 所示。

表 3.5　位操作运算符

<table>
<tr><th>符号</th><th>意　　义</th><th>表达式示例及运行结果</th></tr>
<tr><td>&</td><td>双目运算，将两个数的二进制对应位上的数值进行与操作，当两者都为 1 时，结果为 1，否则为 0</td><td>int x=10, y=6;
执行：x & y
1 0 1 0 & 0 1 1 0
结果为：2（二进制表示 0010）</td></tr>
</table>

续表

符号	意　　义	表达式示例及运行结果
|	双目运算,将两个数的二进制对应位上的数值进行或操作,当两者中任意一位为1时,结果为1,否则为0	int x=10, y=6; 执行:x | y 1 0 1 0 | 0 1 1 0 结果为:14(二进制表示1110)
~	单目运算,将操作数的二进制按位取反,将0变为1,1变为0	int x=10; 执行:~x(即执行~1010) 结果为:5(二进制表示0101)
^	双目运算,将操作数的二进制按位异或,两者相同时为0,否则为1	int x=10, y=6; 执行:x ^ y 1 0 1 0 ^ 0 1 1 0 结果为:12(二进制表示1100)
<<	单目运算,将操作数的二进制按位左移,每左移1位,用0填充最低位	int x=1; 执行:x<<1(即将二进制1左移1位) 结果为:2(二进制表示10)
>>	单目运算,将操作数的二进制按位右移,每右移1位,去掉最低位	int x=10; 执行:x>>1(即将二进制1010右移1位) 结果为:5(二进制表示101)

例 3.5　给定整数 x,测试 x 二进制编码的十位上数字。

```
int x = 10;
int y = x >> 1 & 1;              //二进制右移 1 位,将十位变为个位,并与 1 按位与,
                                 //结果赋值给变量 y
```

3.7　复合赋值运算符及表达式

复合赋值运算符用于变量赋值,在简单赋值运算符的基础上结合算术运算符(+=、-=、*=、/=、%=)和位运算赋值(&=、|=、^=、>>=、<<=)形成符合的赋值表达式,如表3.6所示。

表 3.6　复合赋值运算符

符号	意　　义	表达式示例及运行结果
=	将赋值符号右侧的值赋给左侧的变量	int x; x=10; 变量x中的值为10

+=	将赋值符号左侧的变量加上右侧的值,然后再赋值给左侧的变量	int x=10;
		x +=2;
		即执行 x=x+2,结果为12

续表

<table>
<tr><th>符号</th><th>意　义</th><th>表达式示例及运行结果</th></tr>
<tr><td>-=</td><td>将赋值符号左侧的变量减去右侧的值，然后再赋值给左侧的变量</td><td>int x=10；
x -=2；
即执行 x=x - 2，结果为 8</td></tr>
<tr><td>*=</td><td>将赋值符号左侧的变量乘以右侧的值，然后再赋值给左侧的变量</td><td>int x=10；
x *=2；
即执行 x=x * 2，结果为 20</td></tr>
<tr><td>/=</td><td>将赋值符号左侧的变量除以右侧的值，然后再赋值给左侧的变量</td><td>int x=10；
x /=2；
即执行 x=x / 2，结果为 5</td></tr>
<tr><td>%=</td><td>将赋值符号左侧的变量对右侧的值取余，然后再赋值给左侧的变量</td><td>int x=10；
x%=2；
即执行 x=x%2，结果为 0</td></tr>
<tr><td>&=</td><td>将运算符左侧的变量与右侧的值进行按位与操作，执行结果赋值给左侧的变量</td><td>int x=10；
x&=2；
即执行 x=x&2，结果为 2(二进制位 1010&10=10)</td></tr>
<tr><td>|=</td><td>将运算符左侧的变量与右侧的值进行按位或操作，执行结果赋值给左侧的变量</td><td>int x=10；
x |=2；
即执行 x=x | 2，结果为 10(二进制位 1010 | 10=1010)</td></tr>
<tr><td>^=</td><td>将运算符左侧的变量与右侧的值进行按位异或操作，执行结果赋值给左侧的变量</td><td>int x=10；
x^=2；
即执行 x=x|2，结果为 8(二进制位 1010|10=1000)</td></tr>
<tr><td>>>=</td><td>将运算符左侧的变量右移右侧值指定的位数，执行结果赋值给左侧的变量</td><td>int x=10；
x>>=2；
即执行 x=x>>2，结果为 2(二进制位 1010>>2=10)</td></tr>
<tr><td><<=</td><td>将运算符左侧的变量左移右侧值指定的位数，执行结果赋值给左侧的变量</td><td>int x=10；
x<<=2；
即执行 x=x<<2，结果为 40(二进制位 1010<<2=101000)</td></tr>
</table>

例 3.6　定义变量并执行复合赋值运算。

```
int a=10,b=12,c=7;          //定义并初始化 3 个整型变量 a、b、c
double d=6.1;               //定义并初始化 double 变量 d
a+=3;                       //执行 a=a+3
b-=a+1;                     //执行 b = b - (a + 1)
c*=a-2;                     //执行 c = c * (a - 2)
```

3.8　条件运算符及表达式

条件运算符是 C 语言中唯一的三目运算符，条件表达式语法为：

```
表达式 1? 表达式 2: 表达式 3
```

条件表达式的含义是根据表达式1的结果计算表达式2或者表达式3,当表达式1的结果为真(非0)时,计算表达式2的值,否则计算表达式3的值。

例 3.7 求整数x、y中较大的数。

```
int a = 10, b = 20;
int c = a > b ? a : b;
```

当a>b成立(为真)时,返回a,否则返回b,因此,上述语句计算的结果为a、b中较大的数。

3.9 其他运算符

(1) 指针运算符,用于取内容(*)和取地址(&)两种运算。

(2) 求字节数运算符,用于计算数据类型所占的字节数(sizeof)。

(3) 特殊运算符,有圆括号()、下标[]、成员(→、.)等几种。

3.10 类型转换

参与运算的数据类型往往不一致,C语言编译器提供了数据类型之间进行类型转换的机制。根据实际需要,类型转换分为自动类型转换和强制类型转换。

3.10.1 自动类型转换

自动类型转换指的是编译器在编译时自动进行的类型转换。

1. 赋值时的类型转换

赋值时变量类型与值类型不一致时会发生自动类型转换,例如:

```
double a = 10;
```

赋值符号右侧的数据为10,其类型为整型,而变量a是一个浮点型数据,两者的类型不一致,因此,在赋值时整数10被转换为double类型的数据。这种转换是将低精度数据自动转换为高精度数据,不存在数据丢失。

同时,C语言也支持高精度数据向低精度数据的自动转换,例如:

```
int b = 3.5;
```

该赋值语句将高精度的浮点型数据3.5放入低精度的整型变量,转换后的值为3,存在数据丢失。

2. 整型提升

整型提升是指在做整型运算时,把短整型(short)或字符整型(char)提升为默认整型(int)再进行运算的一种机制。

整型提升的原因是运算在运算器内执行,操作数的长度是int的字节长度。因此,在计算时,长度小于int的整型数据(如short、char等)都必须转换为int后才能由运算器执行运算。

整型提升是按照变量的数据类型的符号位类提升的，提升的时候高位补的是符号位，例如：

```
char ch = 10;
int c = ch;          //整型提升
```

在提升的过程中，字符 ch 的二进制编码是 00001010，所以在整型提升时高位补符号位 0，提升后 n 的二进制编码是：00000000 00000000 00000000 00001010。

对于存储负数的情况，其在内存中的二进制编码为补码，因此需要依据补码来填补高位，例如：

```
char ch = - 10;
int c = ch;
```

－10 的补码是 11110110，整型提升时高位补符号位 1，即 n 中存储的数为：

11111111 11111111 11111111 11110110

3. 算数转换

许多操作符的操作数不止一个，当不同类型的操作数在进行运算时，必须进行类型转换，即算数转换。

算数转换一般都是向着精度更高、长度更长的类型转换，如图 3.1 所示。

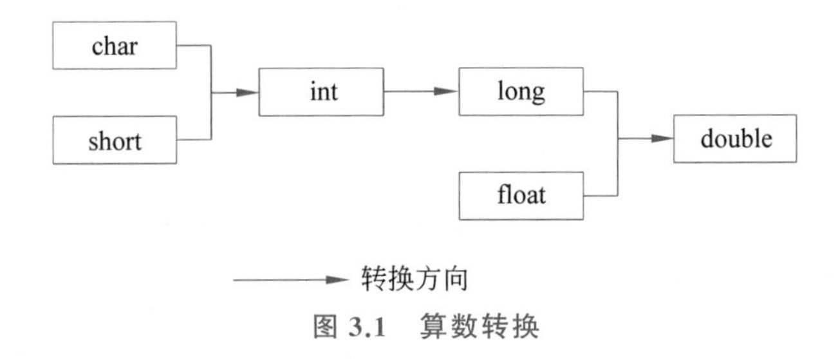

图 3.1　算数转换

3.10.2　强制类型转换

强制类型转换的语法格式为：

```
[数据类型] 变量 = (数据类型) 表达式
```

例如：

```
int a = (int)3.5;
```

3.10.3　类型转换的规则

自动类型转换与强制类型转换都遵循如下的规则。

（1）浮点型和整型之间的转换：将浮点型数据转换成整型数据时，会截断小数部分，只保留整数部分。

(2) 浮点型和浮点型之间的转换：低精度向高精度转换时数值不会发生变换；高精度向低精度转换时会将编译器近似值作为转换结果。

3.11 运算符的优先级与结合性

在程序设计中或程序阅读时需要根据运算符的优先级与结合性来理解程序，因此，程序员有必要对运算符的优先级和结合性进行全面的了解。

表3.7列出了所有运算符的优先级与结合性。

表 3.7 运算符的优先级与结合性

优先级	运算符	含　义	运算类型	结合性
1	() [] -> .	圆括号 数组下标运算符 用指针访问结构体成员运算符 结构体成员运算符	单目	自左向右
2	! ~ ++、-- (类型) +、- * & sizeof	逻辑非运算符 按位取反运算符 自增、自减运算法 强制类型转换 正、负号运算符 指针运算符 地址运算符 求变量长度运算符	单目	自右向左
3	*、/、%	乘、除、取余运算符	双目	自左向右
4	+、-	加、减运算	双目	自左向右
5	<<、>>	左移、右移运算符	双目	自左向右
6	<、<=、>、>=	小于、小于或等于、大于、大于或等于	关系	自左向右
7	==、!=	等于、不等于	关系	自左向右
8	&	按位与运算符	位运算	自左向右
9	^	按位异或运算符	位运算	自左向右
10	|	按位或运算符	位运算	自左向右
11	&&	逻辑与运算符	逻辑	自左向右
12	||	逻辑或运算符	逻辑	自左向右
13	?:	条件运算符	三目	自右向左
14	=、+=、-=、*=、/=、%=	赋值运算符	双目	自右向左
15	,	逗号运算符	顺序	自左向右

习　　题

(1) 定义整型变量 x、y、z，并分别赋值 10、20、20。

(2) 掌握自增运算符，并指出 i++、++i 的区别。

(3) 写出表达式判断能够被 5 整除的偶数。

(4) 根据自己计算机的整数表示位数，写出表达式测试整数的最高位。

(5) 写出表达式求整数 x、y、z 中最大的数。

(6) 类型提升的原因是什么？整数、负数在提升时的方法分别是什么？

(7) 掌握运算符的结合性和优先级。

第4章

顺序结构

顺序结构是程序设计语言中最基本的结构，程序逻辑按照代码的书写顺序依次执行，是程序默认的执行方式。这种顺序执行的特性使得程序能够按照程序员编写的逻辑顺序执行操作，逐步实现问题求解。

4.1 语　　句

语句是构成C程序的基本元素，程序的功能是由语句表达和执行实现的。

4.1.1 简单语句

简单语句由表达式加上分号"；"组成，执行表达式语句就是计算表达式的值。

例 **4.1** 将华氏温度转换为摄氏温度。

华氏温度 f 转换为摄氏温度 c 的公式为：

$$c=\frac{5}{9}\times(f-32)$$

代码如下：

```
#include <stdio.h>
#include <stdlib.h>

int main(){
    int f = 100;
    float c = 5./9 * (f - 32);
    printf("Fahrenheit is %d\nCentigrade is %.2f",f,c);
    return 0;
}
```

代码解释：

(1) 通过语句 int f=100 定义一个整数并赋初值 100，代表华氏温度。

(2) 通过语句 float c=5./9 * (f−32)将华氏温度转换为摄氏温度。其中的因子 5/9 写为 5./9，主要是因为 5/9 是整数的除法，其结果为整数 0，会导致计算错误。将其中的任意一个整数变为浮点数，则执行算数转换，将低精度的整数都转换为浮点数，其结果也为浮点数。

(3) 调用输出函数按格式输出，具体说明见本章后续内容。

运行结果：

```
Fahrenheit is 100
Centigrade is 37.78
```

4.1.2　复合语句

复合语句是将多条语句视为一条语句，一般出现在选择、循环等语句中。

复合语句的一般形式：

```
{
    语句 1;
    语句 2;
    …
    语句 n;
}
```

例 4.2　交换整型变量 x、y 的值。

例 4.2

思路：很多问题求解都需要进行变量交换。为了使交换得以正确执行，需要引入第三个变量 t 来进行辅助，执行过程如图 4.1 所示。

（1）将 x 的值存储至 t 中，此时，x 变量中的内容可以被覆盖，因为 x 中的值已经备份至 t 中。

（2）将 y 中的值存储至 x 中。

（3）将 t 中的值（原来 x 变量存储的值）存储至变量 y 中。

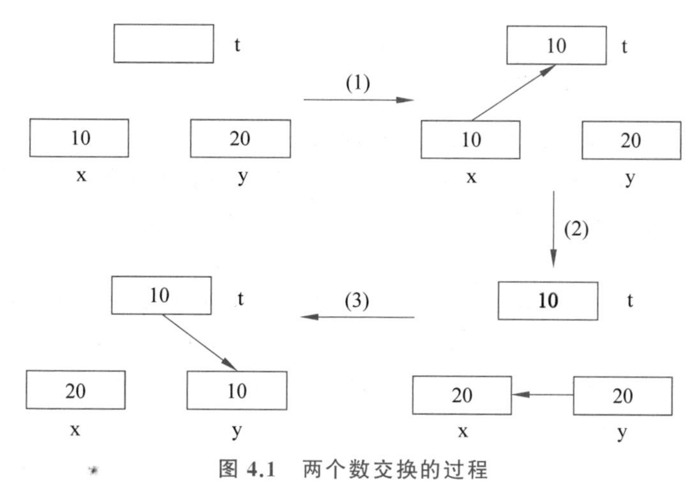

图 4.1　两个数交换的过程

至此，变量 x、y 中的值得以正确交换，这一系列的赋值语句可视为一个复合语句，用于实现变量的交换。

代码如下：

```
#include <stdio.h>
#include <stdlib.h>

int main(){
```

```
    int x = 10,y = 20,t;
    {
      t = x;
      x = y;
      y = t;
    }
    printf("after swap:x=%d,y=%d\n",x,y);
    return 0;
}
```

代码说明:

(1) 定义两个变量 x、y 并赋初值,同时定义变量 t 用于辅助交换。

(2) 变量交换需要执行三步赋值,这三步赋值被视为一条语句,因此可以编写为一条复合语句。

(3) 输出交换之后变量中的值。

4.2 标准输入输出函数

4.2.1 格式化输出函数

printf() 是 C 语言中主要的输出函数,可以将格式化后的字符串输出到标准输出设备上,主要指终端屏幕,也可以是文件。使用 printf() 时要加头文件 stdio.h。

调用格式:

```
printf("格式化字符串", 输出表列)
```

调用正确时返回输出的字符总数,否则返回负值。

格式化字符串包含三种对象,分别为字符串常量、格式控制字符串、转义字符。

格式化字符串可以将部分字符原样输出,部分内容按格式输出,主要使用格式化字符串进行控制:

(1) 字符串常量保持原样输出,主要起提示作用。输出表列中给出了各个输出项,要求格式控制字符串和各输出项在数量和类型上一一对应。其中格式控制字符串是以 % 开头的字符串,在 % 后面跟有格式控制符,以说明输出数据的类型、宽度、精度等。

(2) 格式控制字符串。

格式控制字符串组成如下:

```
%[flags][width][.precision][length]type
```

分别表示:%[标志][最小宽度][.精度][类型长度]类型。

① 类型(type)。

类型主要用于表示输出所包含的数据类型,如整型、浮点型、字符型、字符串等,详细含义及示例如表 4.1 所示。

表 4.1　数据类型及含义等

字符	数据类型	含　　义	示　　例

d	int	十进制有符号整型	int a=-10;
			printf("%d",a);
			输出：-10

o	unsigned int	无符号八进制整数,不输出前缀 0	int a=10;
			printf("0%o",a);
			输出：012

u	unsigned int	无符号十进制整数	int a=10;
			printf("%u",a);
			输出：10

X/x	unsigned int	无符号十六进制整数	int a=110;
			printf("%x",a);
			输出：6e
			printf("%X",a);
			输出：6E

f/lf	float/double	单精度浮点型数据用 f,双精度浮点型数据用 lf。在输出时都可以使用 f,但要指定精度,否则输出为默认精度	float a=0.000000000123;
			printf("%.12f",a);
			输出：0.000000000123

E/e	float/double	以科学记数法输出浮点型数据,记数法中的符号 e 的大小写形式通过 E/e 决定	float a=0.000000000123;
			printf("%e\n%E",a,a);
			输出：
			1.230000e-010
			1.230000E-010

G/g	float/double	以最短的方式输出浮点型数据,如果使用科学记数法,其中的符号 e 的大小写由 G/g 决定	float a=0.000000000123;
			printf("%g\n%G",a,a);
			输出：
			1.23e-010
			1.23E-010

c	char	字符型,将数据转换为 ASCII 码	int ch=70;
			printf("%c",ch);
			输出：F

s	char *	字符串	char * ss="Hello World"; printf("%s",ss); 输出：Hello World

② 标志(flags)。

标志规定输出样式,取值和含义如表 4.2 所示。

表 4.2　标志输出的样式

字符	说　　明	示　　例

-	结果左对齐,右边填空格,省略则右对齐,左边填空格	int a=1000;
		printf("%10d\n%-10d",a,a);
		输出：
		      1000
		1000

续表

字符	说　明	示　例

+	输出符号	int a=1000,b=-1000;
		printf("%+d\n%+d",a,b);
		输出:
		+1000
		-1000

空格	输出为正值时加上空格,负值时加上负号	int a=1000,b=-1000;
		printf("% d\n% d",a,b);
		输出:
		1000
		-1000

#	类型是 o、x、X 时,增加前缀 0、0x、0X	int a=1000;
		printf("%#X\n%#o",a,a);
		输出:
		0X3E8
		01750

注意:type 是 a、A、e、E、f、g、G 时,一定要使用小数点。如果使用.0 控制不输出小数部分,则不输出小数点。

type 是 g、G 时,如果输出数字位数小于列宽,则在数字左侧补 0 直到输出数字位数等于列宽为止。

③ 最小宽度(width)。

用十进制整数来表示输出的最少位数。若实际位数多于指定的宽度,则按实际位数输出,若实际位数少于定义的宽度则补以空格或 0。width 的可能取值如表 4.3 所示。

表 4.3　width 取值示例

width	描　述	示　例

数值	十进制整数	int a=1000;
		printf("%8d",a);
		输出:
		    1000

*	不显示指定宽度,在参数列表中给定	int a=1000;
		printf("%0*d",8,a);
		输出:
		00001000

④ 精度(precision)。

精度格式符以"."开头,后跟十进制整数。

a. 对于整型(d、i、o、u、x、X),precision 表示输出的最小的数字个数,不足补前导零,超过不截断。

b. 对于浮点型(a、A、e、E、f),precision 表示小数点后数值位数,默认为 6 位,不足补后置 0,超过则截断。

c. 对于类型说明符 g 或 G,表示可输出的最大有效数字。

d. 对于字符串，precision 表示最大可输出字符数，不足正常输出，超过则截断。

precision 不显示指定，则默认为 0。以星号代替数值，类似于 width 中的 *，在输出参数列表中指定精度。

示例：

```
printf("%.8d\n",1000);              //不足指定宽度补前导 0,效果等同于%08d
printf("%.8f\n",1000.123456789);  //超过精度,截断
printf("%.8f\n",1000.123456);      //不足精度,补后置 0
printf("%.8g\n",1000.123456);      //最大有效数字为 8 位
printf("%.8s\n","abcdefghij");     //超过指定长度截断
```

运行结果：

```
00001000
1000.12345679
1000.12345600
1000.1235
abcdefgh
```

注意：*在对浮点数和整数截断时需要进行四舍五入。*

⑤ 类型长度(length)。

类型长度指明待输出数据的长度。C 语言中相同类型存在不同的长度，如整型有 char(8b)、short int(16b)，int(32b)和 long int(64b)，浮点型有 32b 的单精度 float 和 64b 的双精度 double，所以需要类型长度来指定待输出数据的长度，如表 4.4 所示。

表 4.4 类型长度

类型长度	d 对应的类型	E、e、F、f、G、g 对应的类型
ll	long long	
l		long double

4.2.2 格式化输入函数

格式化输入函数 scanf()主要用于接收键盘输入，其一般形式为：

```
scanf(格式控制,地址表列);
```

格式控制由%开头，后面跟格式字符，格式字符前也可以有其他修饰符，指示了参数的输入格式。

格式说明的一般格式如下：

```
%[*][width][modifiers]格式字符
```

格式控制的含义同 printf()函数格式控制，地址表列是由若干个地址组成的列表，可以是变量的地址或字符串首地址。

返回值：scanf的返回值是一个整数，表示成功读取的变量个数。如果没有读取任何项或者匹配失败，则返回0。如果在成功读取任何数据之前，发生了读取错误或者遇到读取到文件结尾，则返回常量EOF。

格式化字符串说明如表4.5所示。

表4.5 格式化字符串说明

格式字符	说明
%c	读入一个字符
%d	读入十进制整数
%o	读入八进制整数
%x 或 %X	读入十六进制整数
%c	读入一个字符
%s	读入一个字符串
%f、%F、%e、%E、%g、%G	读入一个浮点数
%u	读入一个无符号十进制整数
%[]	扫描字符集合
%%	读%符号

修饰符说明如表4.6所示。

表4.6 修饰符说明

修饰符	说明
L/l/h	%hd 把对应的值存储为 short int 类型 %ho、hx、%hu 把对应的值存储为 unsigned short int 类型 %ld 把对应的值存储为 long 类型 %lf 把对应的值存储为 double 类型
ll	把整数作为 long long 或 unsigned long long 类型读取，如%lld、%llu
hh	把整数作为 signed char 或 unsigned char 类型读取，如%hhd、%hhu
数字	最大子段宽度，输入达到最大子段宽度，或第一次遇到空白字符时停止
*	空读一个数据

例如：

```
//接受输入 10 20
scanf("%d%d",&x,&y);
//对 10b20 的读入操作中,10 放入变量 x,20 放入 y
scanf("%d%*c%d",&x,&y);
//接受最多 10 个字符的输入
scanf("%10s",name);
//将把 10 和 20 分别放到 x 和 y 中,t 被放弃
scanf("%dt%d",&x,&y);
```

运行结果：

```
10 20
x = 10, y = 20
10/20
x = 10, y = 20
tom
name is tom
10t20
x = 10, y = 20
```

在输入数据时，要严格按照格式控制符的描述输入，例如：

```
//其中用非格式符"，"作间隔符，故输入时应为:5,6,7
scanf("%d,%d,%d",&a,&b,&c);
//输入格式:a=5,b=6,c=7
scanf("a=%d,b=%d,c=%d",&a,&b,&c);
```

例 4.3　鸡兔同笼。

例 4.3

鸡兔同笼问题是中国古代著名趣题之一，大约在 1500 年前，《孙子算经》中就记载了这个有趣的问题：

今有雉兔同笼，上有三十五头，下有九十四足，问雉兔各几何？

这个问题是一个简单的二元一次方程求解的问题，可以将问题拓展为：

一个笼子中关着鸡和兔两种动物，现有头 n 个，腿 m 条，请问鸡和兔各多少？

分析：假设鸡有 x 只，兔有 y 只，根据问题可列出如下方程组：

$$\begin{cases} x + y = n \\ 2x + 4y = m \end{cases}$$

消元可得 x、y 为：

$$\begin{cases} x = \dfrac{4n - m}{2} \\ y = \dfrac{m - 2n}{2} \end{cases}$$

代码如下：

```
#include <stdio.h>
#include <stdlib.h>

int main(){
    int n,m,x,y;
    scanf("%d %d",&n, &m);
    x = (4 * n - m)/2;
    y = (m - 2 * n)/2;
    printf("chickens:%d rabbits:%d\n",x,y);
    return 0;
}
```

运行结果：

```
35 94
chickens:23 rabbits:12
```

以上测试采用了古典问题中的数据,实际输入可能没有整数解,因此,完善的程序应该首先判断是否有整数解,这需要后续判断语句的支持。

4.3 常用函数库

4.3.1 数学库函数(math.h)

C语言提供了数学库函数支持进行数值运算,常用的数学库函数如表4.7所示。

表4.7 常用的数学库函数

序号	函数原型	功能
1	float fabs(float x)	求浮点数x的绝对值
2	int abs(int x)	求整数x的绝对值
3	float ceil(float x)	求不大于x的最大整数
4	float floor(float x)	求不小于x的最小整数
5	float pow(float x, float y)	计算x的y次幂
6	float sqrt(float x)	计算x的平方根

例4.4 输入一个浮点数x,输出x的绝对值。

```
#include <stdio.h>
#include <math.h>

int main(){
    float x;
    scanf("%f",&x);
    printf("%f\n",fabs(x));        //直接使用函数调用的返回值
    return 0;
}
```

注意:C语言中提供了abs(int)和fabs(float)两个求绝对值的函数,要根据参数的类型进行选择,否则会出现计算错误。

例4.5 输出n的平方根。

```
#include <stdio.h>
#include <stdlib.h>
#include <math.h>

int main(){
    int n;
    scanf("%d",&n);
    printf("root of %d is %f",n,sqrt(n));
    return 0;
}
```

运行结果：

```
10
root of 10 is 3.162278
```

4.3.2　输入输出函数库(stdio.h)

C 语言中常用的输入输出函数除了 scanf、printf 外，还包括 getchar、putchar、gets、puts 等。

主要函数及功能描述如表 4.8 所示。

表 4.8　主要的输入输出函数

序号	函数原型	功　　能
1	int printf(char * format…)	产生格式化输出的函数
2	int getchar(void)	从键盘上读取一个键，并返回该键的键值
3	int putchar(char c)	在屏幕上显示字符 c
4	char * gets(char * string)	从流中取一字符串
5	int puts(char * string)	送一字符串到流中

例 4.6　使用 getchar 从键盘上读入 hello，并用 putchar 将内容输出到屏幕。

```
#include <stdio.h>

int main(){
    char ch1,ch2,ch3,ch4,ch5;
    ch1 = getchar();
    ch2 = getchar();
    ch3 = getchar();
    ch4 = getchar();
    ch5 = getchar();
    putchar(ch1);
    putchar(ch2);
    putchar(ch3);
    putchar(ch4);
    putchar(ch5);
    return 0;
}
```

运行情况：

```
input:
hello
output:
hello
```

4.3.3　时间库(time.h)

时间库主要提供与时间操作有关的函数，时间的表示是一个长整型数据，表示自 1971

年1月1日以来的毫秒数。

主要函数及功能描述如表4.9所示。

表4.9 时间库的主要函数

序号	函数原型	功能
1	clock_t clock(void)	获得处理器时间函数,clock()函数返回程序开始执行后占用的处理器时间。如果无法获取处理器时间,则返回值为-1
2	time_t time(time_t * tp)	返回当前日历时间,time()函数返回当前日历时间。如果无法获取日历时间,则返回值为-1
3	double difftime(time_t time2, time_t time1)	计算两个时刻之间的时间差
4	char * asctime(const struct tm * tblock)	转换日期和时间为ASCII
5	char * ctime(const time_t * time)	把日期和时间转换为字符串

例4.7 获得系统当前时间。

```
#include <stdio.h>
#include <stdlib.h>
#include <time.h>

int main(){
    time_t t = time(NULL);
    printf("系统距离1970年1月1日的小时数%d\n",t/3600);
    printf("系统当前时间: %s",ctime(&t));        //取t的地址传入
    return 0;
}
```

运行结果:

```
系统距离1970年1月1日的小时数472615
系统当前时间:Fri Dec 01 15:07:45 2023
```

4.3.4 标准库(stdlib.h)

标准库提供了字符串与整型、浮点型之间进行转换的函数,获取随机数的函数以及内存分配与管理的函数。

主要函数及功能描述如表4.10所示。

表4.10 标准库的主要函数

序号	函数原型	功能
1	char * itoa(int i)	把整数i转换为字符串
2	double atof(const char * s)	将字符串s转换为double类型
3	int atoi(const char * s)	将字符串s转换为int类型

续表

序号	函数原型	功　能
4	long atol(const char * s)	将字符串 s 转换为 long 类型
5	char * gets(char * string)	从流中取一字符串
6	int rand(void)	产生一个 0～RAND_MAX 之间的伪随机数
7	void srand(unsigned int seed)	初始化随机数发生器
8	void * calloc(size_t nelem, size_t elsize)	分配主存储器
9	void * malloc(unsigned size)	内存分配函数
10	void * realloc(void * ptr, unsigned newsize)	重新分配主存

例 4.8　取一个 100 以内的随机数。

调用 rand()函数可以获得 1 个 0～RAND_MAX 的随机数，并将随机数对 100 取余即可获得 100 以内的随机数，具体代码如下：

```
#include <stdio.h>
#include <stdlib.h>

int main(){
    int rnd;
    rnd = rand() %100;
    printf("%d",rnd);
    return 0;
}
```

通过运行该代码可以获得一个 100 以内的随机数，但进一步实验可以发现每次运行的随机数都是相同的，表现为伪随机数。伪随机数的产生是因为 rand 算法在推算随机数时需要一个种子来进行运算，每次运算采用了相同的随机种子，所以每次得到的随机数也是相同的。

C 语言提供了 srand(unsigned int seed)函数，通过给定的 seed 来改变随机序列推算的种子。在具体操作时，seed 选择与时间相关，这样每次调用时 seed 都不相同，得到不同的随机序列。

改进代码如下所示：

```
#include <stdio.h>
#include <stdlib.h>

int main(){
    intrnd;
    srand(time(NULL));
    rnd = rand() %100;
    printf("%d",rnd);
    return 0;
}
```

4.4 程序流程图

为了清晰地描述程序的执行流程以更好地进行文档编写和思想交流,往往需要绘制出程序的流程图。通过流程图可以清晰地说明程序的输入、输出、循环和判断等关键部分。在C 语言程序设计中,流程图被广泛用于程序流程设计。

程序流程图的绘制主要使用图 4.2 所示符号。

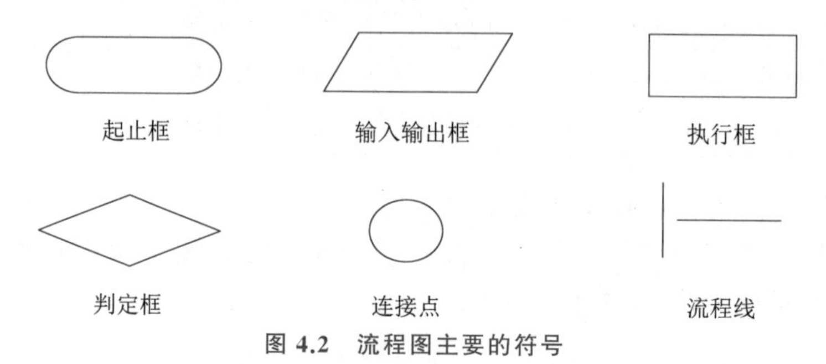

图 4.2 流程图主要的符号

例 4.9 绘制交换变量 x、y 的程序流程图。

按照变量交换的流程采用正确的流程图符号可以绘制图 4.3 所示的流程图。

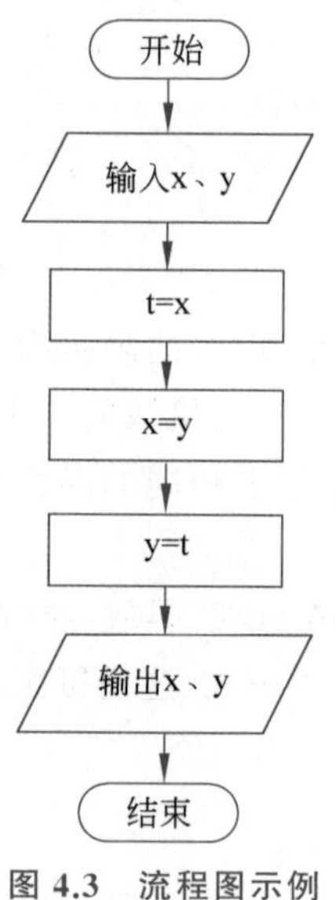

图 4.3 流程图示例

4.5 能力拓展

4.5.1 点到直线的距离

输入二维平面上 3 个不位于同一条直线的点：A(x_1,y_1)、B(x_2,y_2)、C(x_3,y_3),求 A 到由 B、C 确定的直线的距离,精确到小数点后 5 位。

解题思路:做点 A 到由点 B、C 确定直线的垂线,垂足可能落于 B、C 之间,或者位于延长线上,如图 4.4 所示。

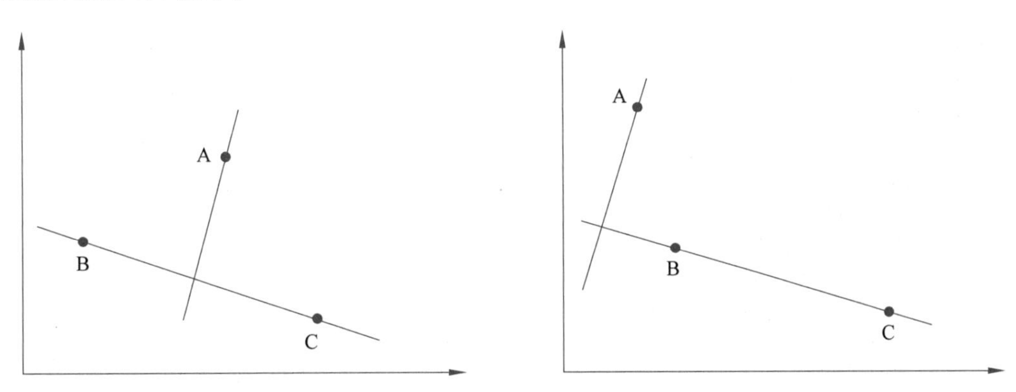

图 4.4 垂足落在直线不同区间

连接 A、B、C 三点形成三角形,可以求得线段 AB、AC、BC 的长度,如图 4.5 所示。

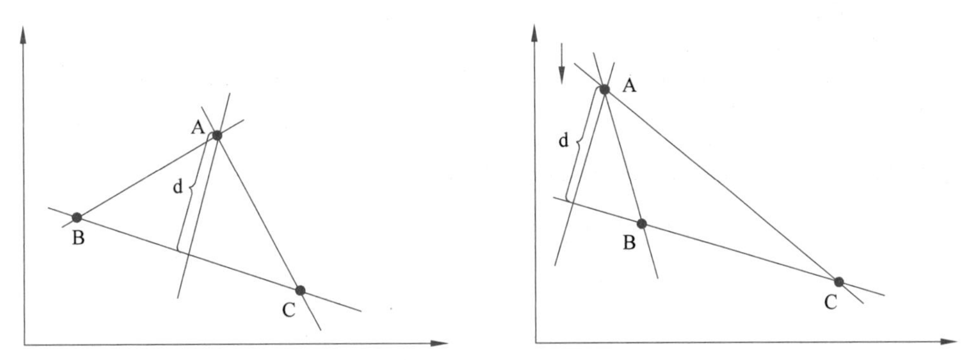

图 4.5 构造三角形计算 d

根据三角形三条边的长度可以用海伦公式(Heron)求得三角形的面积,同时,三角形的面积可以通过底 BC 乘以高(所求距离 d)得到,根据两种方法列出等式即可求得 d。

程序流程图如图 4.6 所示。

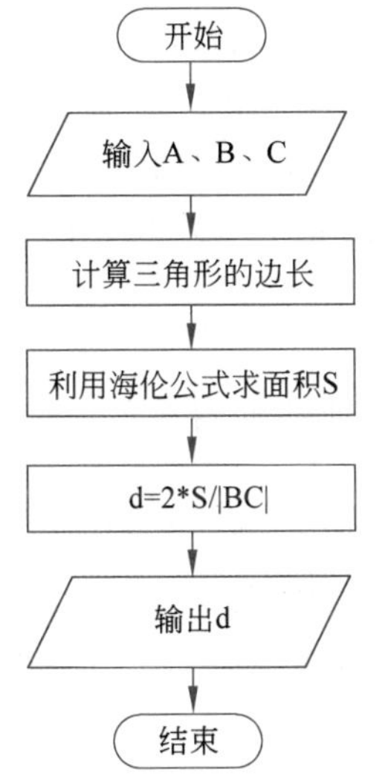

图 4.6 点到直线求解流程图

根据流程图可编写如下代码：

```
#include <stdio.h>
#include <stdlib.h>
#include <math.h>

int main(){
    float xa,xb,xc;
    float ya,yb,yc;
    float dab,dbc,dac;
    float area,halfperimeter,dist;
    scanf("%f,%f,%f,%f,%f,%f",&xa,&ya,&xb,&yb,&xc,&yc);
    printf("A(%.2f,%.2f),B(%.2f,%.2f),C(%.2f,%.2f)\n",xa,ya,xb,yb,xc,yc);
    dab = sqrt((xa - xb) * (xa - xb) + ((ya - yb) * (ya - yb)));
    dbc = sqrt((xc - xb) * (xc - xb) + ((yc - yb) * (yc - yb)));
    dac = sqrt((xa - xc) * (xa - xc) + ((ya - yc) * (ya - yc)));
    //求面积
    halfperimeter = (dab + dbc + dac)/2;
    area = sqrt(halfperimeter * (halfperimeter - dab) * (halfperimeter - dac) *
(halfperimeter - dbc));
    dist = 2 * area/dbc;
    printf("the distance of A to BC: %.6f",dist);
    return 0;
}
```

运行结果：

```
5,9,1,3,7,3
A(5.00,9.00),B(1.00,3.00),C(7.00,3.00)
the distance of A to BC: 6.000000
```

4.5.2 三点共圆半径求解

输入平面上不在同一条直线上的三点 A(x_1,y_1)、B(x_2,y_2)、C(x_3,y_3)，且 $x_1<x_2<x_3$、$y_1\neq y_2$、$y_2\neq y_3$，求由这三点确定的圆的半径。

问题分析：根据A、B、C三点的坐标可知相邻两点确定的直线的斜率 k($k\neq 0$)。可分别做直线AB、直线BC的中垂线，两条中垂线相交的点即为圆心P，圆的半径可以求AP得到。

计算思路如图4.7所示。

(1) 求直线AB的斜率k1，则中垂线的斜率 $k2*k1=-1$(因为 $k1\neq 0$)，由此可以得到斜率k2。

(2) 计算线段AB的中点M，利用k2和M可以唯一确定一条直线PM。

(3) 同理，确定直线BC的中垂线PM′。

(4) 计算两条中垂线的交点P，计算线段AP的长度即为圆的半径。

问题求解流程如图4.8所示。

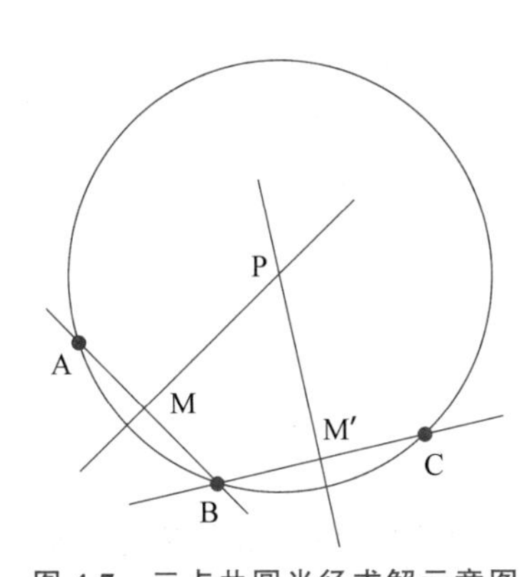

图 4.7　三点共圆半径求解示意图

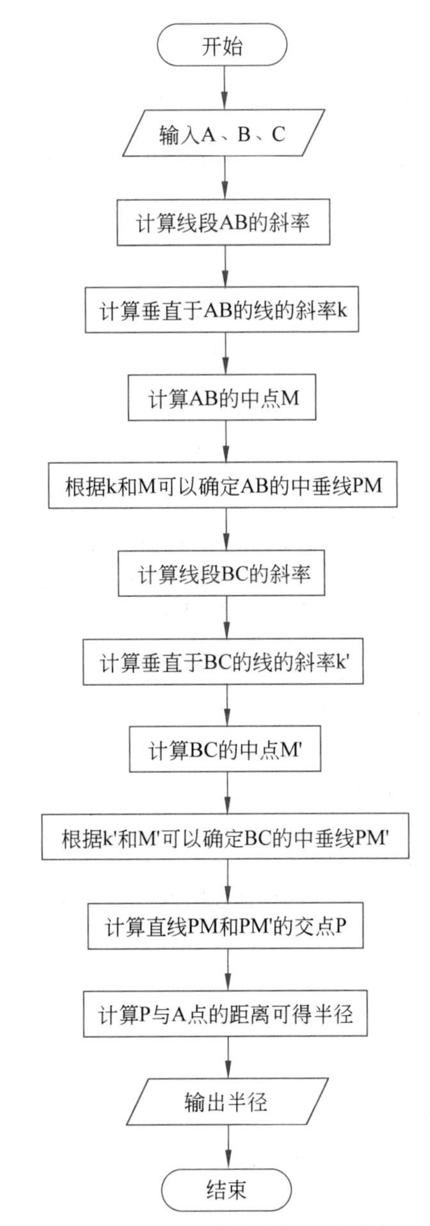

图 4.8　三点共圆半径求解程序流程图

完整代码如下：

```
#include <stdio.h>
#include <stdlib.h>
#include <math.h>

int main(){
    float xa,xb,xc,midx1,midx2;
    float ya,yb,yc,midy1,midy2;
    float dab,dbc,dac;
```

```
    float slope1,slope2,mid1,mid2;
    scanf("%f,%f,%f,%f,%f,%f",&xa,&ya,&xb,&yb,&xc,&yc);
    printf("A(%.2f,%.2f),B(%.2f,%.2f),C(%.2f,%.2f)\n",xa,ya,xb,yb,xc,yc);

    slope1 = - (xa - xb)/(ya - yb) ;
    slope2 = - (xb - xc)/(yb - yc) ;

    midx1 = (xa + xb)/2.0;
    midy1 = (ya + yb)/2.0;
    midx2 = (xb + xc)/2.0;
    midy2 = (yb + yc)/2.0;

    float b1 = midy1 - slope1 * midx1;
    float b2 = midy2 - slope2 * midx2;

    float centerx = -(b1 - b2)/(slope1 - slope2);
    float centery = slope1 * centerx + b1;
    float centery2 = slope2 * centerx + b2;
    float dist = sqrt((centerx-xa)*(centerx-xa)+(centery-ya) * (centery-ya));

    printf("radius=%f",dist);
    return 0;
}
```

测试结果:

```
0,1,1,0,2,1
A(0.00,1.00),B(1.00,0.00),C(2.00,1.00)
radius=1.000000
```

习　　题

(1) 计算等差数列1,3,5,7,9,…的第n项。

(2) 累加3位数的每位数字并输出。

(3) 用一个3位的整数n生成另一个整数m,新的整数是原整数的逆序,如n=123,m=321。

(4) 输入一个浮点型数据f,输出f*f,精确到小数点后3位。

(5) 输入5个小写字母,输出对应的大写字母。

(6) 获取系统当前时间,并输出当前距离1970年1月1日有多少天?

(7) 获取一个代表年份的长度为4的随机数(如1981),判断该年份是否为闰年。

(8) 输入A、B、C、D 4个点的坐标,要求任意三点不共线,求由这4个点组成的几何图形的面积,并画出流程图。

第5章 选择结构

5.1 概　　述

在问题求解中语句的执行需要根据条件进行判断，并选择符合逻辑的语句或者语句块来执行，具体表现形式为分支选择结构。分支选择结构的主要作用是在顺序结构的基础上，根据条件判断结果改变代码执行顺序，使得程序能够根据不同的情况做不同的响应。

常见的选择结构有单分支选择结构、双分支选择结构、多分支选择结构以及嵌套分支选择结构，如图5.1所示。

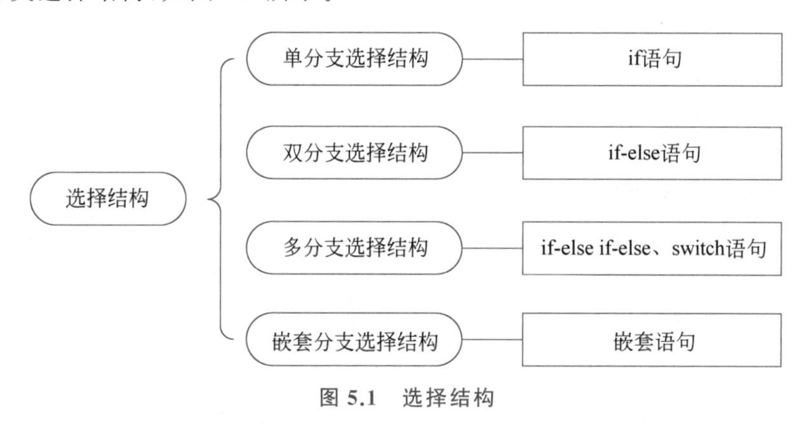

图5.1　选择结构

5.2 单分支选择结构

单分支选择结构语法：

```
if(表达式){
    语句;
}
```

如果表达式为真(非0)，则执行语句，否则不执行。

说明：

(1) 表达式可以是任何类型，常用的是关系或逻辑表达式。

(2) 语句可以是一条语句或者语句块，也可以是另一个if语句。

执行流程如图5.2所示。

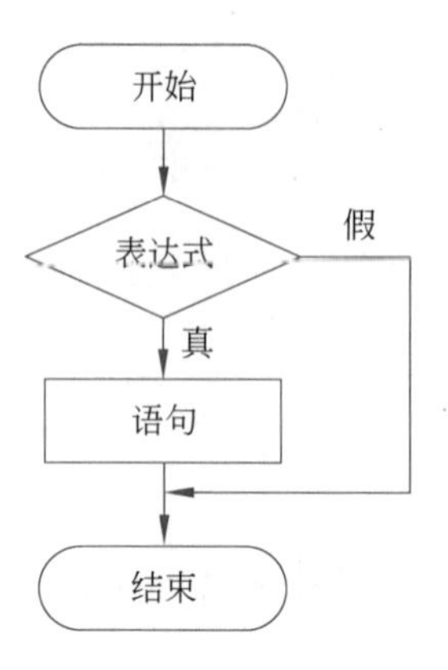

图5.2 单分支选择结构

例5.1 输入一个整数,如果是偶数,则输出even。

判断一个整数n是否为偶数的方法是测试该整数是否为2的倍数,即n%2的结果是否为0。根据这个结果进行相应输出,对不同的n进行不同的响应。

代码如下:

```
#include <stdio.h>
#include <stdlib.h>

int main(){
    int num;
    scanf("%d",&num);
    if(num %2 == 0){
        printf("even");
    }
    return 0;
}
```

当if中表达式成立时,说明num是偶数,此时输出结果。本例中仅执行一条输出语句,可以不用{},但为提高代码的可读性,培养良好的编程规范,建议加上{}。

5.3 双分支选择结构

当判断为假的分支也需要处理相应的逻辑时,可以使用双分支选择结构,相应的语句为if-else语句,语法如下。

```
if(表达式){
    语句 1;
}else{
    语句 2;
}
```

如果表达式为真(非 0),则执行语句 1,否则执行语句 2。

说明:

(1) 表达式可以是任何类型的,常用的是关系或逻辑表达式。

(2) 语句 1 和语句 2 可以是任何可执行语句,也可以是另一个 if-else 语句。

执行流程如图 5.3 所示。

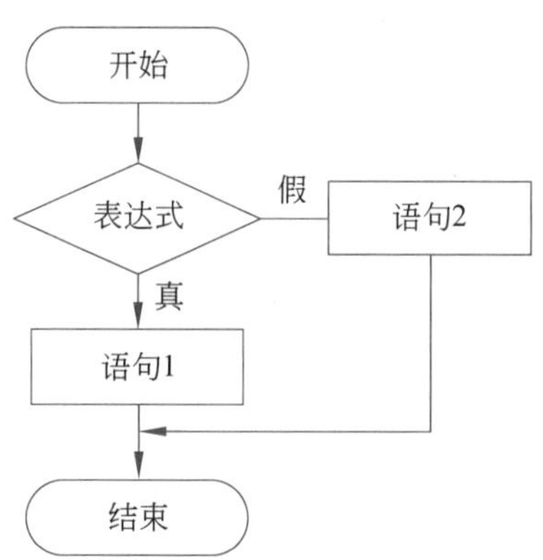

图 5.3　双分支选择结构

例 5.2　输入一个字符,如果是数字字符则输出"digital",否则,输出"non digital"。

对于一个字符 ch,测试其 ASCII 是否为'0'～'9',如果是则为数字字符,输出"digital",否则输出"non digital"。因为本例对于是或不是数字字符这两种情况都需要有响应,所以需要使用 if-else 结构。

代码如下:

```
#include <stdio.h>
#include <stdlib.h>

int main(){
    char char;
    scanf("%c",&ch);
    if(c >= '0' && c <= '9'){
        printf("digital");
    }else{
        printf("non digital");
    }
    return 0;
}
```

例 5.3　输入年份,判断该年份是否为闰年。

判断年份 year 是否为闰年的表达式为:

```
year % 4 == 0 && year % 100 != 0 || year % 400 == 0
```

因为表达式中逻辑与 && 的优先级高于逻辑或||的优先级,所以先计算 year % 4==0 && year % 100 !=0 子式,如果该子式成立,则不计算第二个子式 year % 400==0,否则计算第二个子式。

为了提高程序的可读性,也可以通过()来明确子式的计算顺序:

```
(year % 4 == 0 && year % 100 != 0) || (year % 400 == 0)
```

完整代码如下:

```
#include <stdio.h>
#include <stdlib.h>
```

```
int main(){
    int year;
    scanf("%d",&year);
    if((year % 4 == 0 && year % 100 != 0) || (year % 400 == 0)){
        printf("%d is leap year.");
    }else{
        printf("%d is not leap year");
    }
    return 0;
}
```

例 5.4 再论鸡兔同笼。

鸡兔同笼需要求解方程组:

$$\begin{cases} x = \dfrac{4n - m}{2} \\ y = \dfrac{m - 2n}{2} \end{cases}$$

其中,n 为头的数量,m 为腿的数量。考虑到问题的特殊性,求解结果 x、y 必须是整数解,因此,首先要判断 $4n-m$、$m-2n$ 是否能够被 2 整除,如果能够整除,则存在合法的解,否则,问题不存在解。

改进后的代码如下:

```
#include <stdio.h>
#include <stdlib.h>

int main(){
    int n,m,x,y;
    scanf("%d %d",&n, &m);
    if((4 * n - m) % 2 == 0 && (m - 2 * n) % 2 == 0){
        x = (4 * n - m) / 2;
        y = (m - 2 * n) / 2;
        printf("chickens:%d rabbits:%d\n",x,y);
    }else{
        printf("No solution.");
    }
    return 0;
}
```

测试 1:

```
35 94
chickens:23 rabbits:12
```

测试 2:

```
35 93
No solution.
```

5.4　多分支选择结构

5.4.1　else if 多分支选择结构

多分支选择结构通过 else if 多分支选择语句实现。

语法：

```
if(表达式 1){
   语句 1;
}else if(表达式 2){
   语句 2;
}else if(表达式 3){
   …
}else if(表达式 n - 1){
   语句 n - 1;
}else{
   语句 n;
}
```

这种有规则的多层嵌套，又称为 if 语句的 else if 结构。最后一个 else 及其下面的语句 n 也可以不存在。

注意：

(1) 选择结构是从上到下匹配的，一旦匹配上某个条件后，整个条件语句就结束了，即使后面也能匹配上条件也不会再执行了。

(2) 使用 if-else if 后可以不写 else。

执行流程如图 5.4 所示。

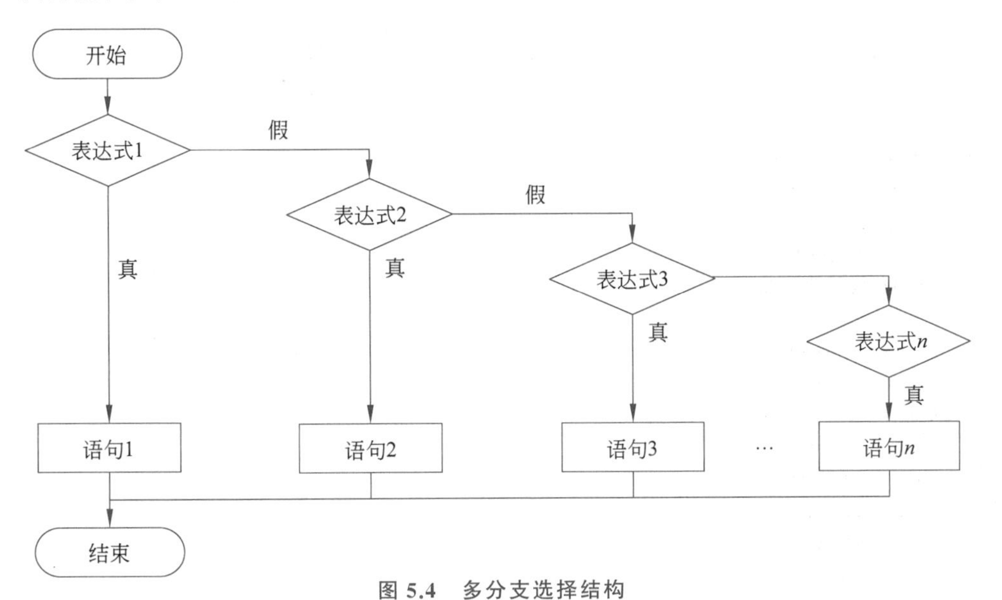

图 5.4　多分支选择结构

例 5.5 输入学生成绩,输出其等级。

代码如下:

```
#include <stdio.h>
#include <stdlib.h>

int main(){
    int grade;
    scanf("%d",&grade);
    if(grade >= 90){
        printf("A");
    }else if(grade >= 80){
        printf("B");
    }else if(grade >= 70){
        printf("C");
    }else if(grade >= 60){
        printf("D");
    }else{
        printf("E");
    }
    return 0;
}
```

如果第一个判断成绩成立,则不执行后续的判断,否则,执行第二个判断。如果第二个判断不成立,则执行第三个判断,直到执行最后的 else。

如果成绩为 95,则第一个判断成立,输出 A,后续的判断都不执行;如果输入的成绩为 65,则直到 else if(grade >=60)时判断才成立,输出 D。

switch 多分支选择结构

5.4.2 switch 多分支选择结构

当分支较多时,使用 else if 语句的形式比较复杂,可以使用 switch 语句来实现,具体语法为:

```
switch(整型表达式){
    case 常量表达式 1:
        语句 1;
        [break;]
    case 常量表达式 2:
        语句 2;
        [break;]
        …
    case 常量表达式 n-1:
        语句 n-1
        [break;]
    default:
        语句 n
        [break;]
}
```

在计算整型表达式的值后，将得到的值与每个 case 后的常量表达式进行比较，当表达式的值与某个常量表达式的值相等时，执行后面的语句，直到遇到 break 语句为止。若表达式的值与所有 case 后的常量表达式均不相同时，则执行 default 对应的语句。

例 5.6　输入学生成绩，输出其等级(用 switch 语句实现)。

switch 语句中用于判断的 case 语句判断的是一个常量，而成绩等级是一个范围，因此，在使用 switch 时要将一个成绩范围表示为一个常量。

对于一个给定的 grade，执行 grade＝grade/10，将一个 10 分的区间压缩为一个常量。如将 60～69 的成绩映射到 6，70～79 的成绩映射到 7，80～89 的成绩映射到 8……

具体代码如下：

```
#include <stdio.h>
#include <stdlib.h>

int main(){
    int grade;
    scanf("%d",&grade);
    grade /= 10;
    switch(grade){
        case 10:
        case 9:  printf("A"); break;
        case 8:  printf("B"); break;
        case 7:  printf("C"); break;
        case 6:  printf("D"); break;
        case 5:
        case 4:
        case 3:
        case 2:
        case 1:
        case 0:  printf("E"); break;
    }
    return 0;
}
```

注意：

(1) switch 语句与 if 语句不同，switch 仅能判断表达式的值是否等于指定的常量，而 if 可以计算并判断各种表达式。

(2) switch 语句后必须为整型表达式。

(3) switch 中可以有任意多的 case 语句，case 后必须为常量。

(4) default 可以省略。

(5) case 和 default 顺序可以颠倒。

例 5.7　输入一个日期(含年、月、日)，计算该日期是该年度中的第几天。

根据月份计算天数，其中 1、3、5、7、8、10、12 月的天数为 31，4、6、9、11 月的天数为 30 天，2 月份的天数需要根据年份判断，如果为闰年则为 29 天，否则为 28 天。

将指定月份之前所有月份的天数相加，然后加上本月的天数，如果月份大于 2 且为闰年，天数加 1。

完整代码如下:

```
#include <stdio.h>
#include <stdlib.h>

int main(){
    int year, month, day;
    scanf("%d-%d-%d",&year,&month,&day);
    //判断闰年
    int isLeapYear = (year % 4 == 0 && year % 100 != 0) || (year % 400 == 0);
    int days = 0;
    switch(month){
        case 1: days = day; break;
        case 2: days = 31 + day; break;
        case 3: days = 31 + 28 + day; break;
        case 4: days = 31 + 28 + 31 + day; break;
        case 5: days = 31 + 28 + 31 + 30 + day; break;
        case 6: days = 31 + 28 + 31 + 30 + 31 + day; break;
        case 7: days = 31 + 28 + 31 + 30 + 31 + 30 + day; break;
        case 8: days = 31 + 28 + 31 + 30 + 31 + 30 + 31 + day; break;
        case 9: days = 31 + 28 + 31 + 30 + 31 + 30 + 31 + 31 + day; break;
        case 10: days = 31 + 28 + 31 + 30 + 31 + 30 + 31 + 31 + 30 + day; break;
        case 11: days = 31 + 28 + 31 + 30 + 31 + 30 + 31 + 31 + 30 + 31 + day; break;
        case 12: days = 31 + 28 + 31 + 30 + 31 + 30 + 31 + 31 + 30 + 31 + 30 + day;
break;
    }
    if(month > 2 && isLeapYear){
        days ++;
    }
    printf("%d-%d-%d is the %dth day of year",year,month,day,days);
    return 0;
}
```

运行结果:

```
2020-12-31
2020-12-31 is the 366th day of year
```

5.5 嵌套分支选择结构

选择结构可以嵌套使用,即在判断正确的分支中执行的是一条选择语句。

例 5.8 输入 3 个整数,输出最大的整数。

```
#include <stdio.h>
#include <stdlib.h>

int main(){
    int x, y, z, max;
```

```
    scanf("%d,%d,%d",&x, &y, &z);
    if(x > y){
        if(x > z) {
            max = x;
        }else{
            max = z;
        }
    }else{
        if(y > z){
            max = y;
        }else{
            max = z;
        }
    }
    printf("the max is : %d\n",max);
    return 0;
}
```

注：C 语言规定了 if 和 else 的就近匹配原则，即 else 和最近的没有配对的 if 配对，与书写格式无关。

在执行语句后面都加上{}，匹配的 if else 保持相同的缩进，可以使逻辑更加清晰，且不容易出错。

查看如下代码：

```
int main(){
    if(…)
        if(…) printf("…");
    else printf("…");
    return 0;
}
```

代码虽然主观上将 else 与第一个 if 配对，但按照就近原则，else 与第二个 if 配对，由此造成了程序逻辑错误。因此，在编写代码时，尽量用{}界定范围，防止出现语法错误。

例 5.6 中虽然可以将百分制输出为等级制，但在边界上存在问题，即当输入－1～－9、101～109 时，程序仍然可以输出等级，因此，对于边界的成绩需要进行判断，只对合法的输入进行等级输出，其他的成绩输出为“输入错误”，代码修改如下：

```
#include <stdio.h>
#include <stdlib.h>

int main(){
    int grade;
    scanf("%d",&grade);
    if(grade >= 0 && grade <= 100){
       grade /= 10;
       switch(grade){
          case 10:
          case 9:  printf("A"); break;
```

```
            case 8:  printf("B"); break;
            case 7:  printf("C"); break;
            case 6:  printf("D"); break;
            case 5:
            case 4:
            case 3:
            case 2:
            case 1:
            case 0:  printf("E"); break;
        }
    }else{
        printf("输入错误");
    }
    return 0;
}
```

5.6 条件表达式

条件运算符是C语言中唯一的三元运算符,需要3个运算对象,每个运算对象都是一个表达式,如下所示:

```
表达式 1 ? 表达式 2: 表达式 3
```

计算方法:如果表达式1为真,整个条件表达式的值是表达式2的值,否则,是表达式3的值。因此,三目运算符实际上就是一个if-else结构。

例5.9 求3个整数中的最大值。

```
#include <stdio.h>
#include <stdlib.h>

int main(){
    int x, y, z;
    scanf("%d,%d,%d",&x,&y,&z);
    int max = x > y ? ( x > z ? x : z) : (y > z ? y : z);
    printf("the max element is %d\n", max);
    return 0;
}
```

使用嵌套的三目运算符虽然可以用少量的代码实现比较复杂的功能,但这将导致程序的可读性大大降低,因此,不建议将三目运算符进行嵌套。

一元二次方程求根

5.7 能力拓展

5.7.1 一元二次方程求根

给定一元二次方程 $f(x)=ax^2+bx+c$,其中 a、b、c 为实数,求方程的根(精确到小数点后6位)。

求解思路：一元二次方程的求根公式为

$$x=\frac{-b\pm\sqrt{b^2-4ac}}{2a}$$

根据 delta=$\sqrt{b^2-4ac}$ 的情况确定方程的两个根的情况：

（1）当 delta=0 时，方程的两个根相等，即

$$x_1=x_2=-\frac{b}{2a}$$

（2）当 delta>0 时，方程的两个根为实数，

$$x_1=\frac{-b+\sqrt{b^2-4ac}}{2a}$$

$$x_2=\frac{-b-\sqrt{\mathrm{b}^2-4\mathrm{ac}}}{2\mathrm{a}}$$

（3）当 delta<0 时，方程的两个根为虚数，

$$x_1=-\frac{b}{2a}+\frac{\sqrt{4ac-b^2}}{2a}\mathrm{i}$$

$$x_2=-\frac{b}{2a}-\frac{\sqrt{4ac-b^2}}{2a}\mathrm{i}$$

由此得到图 5.5 所示程序流程图。

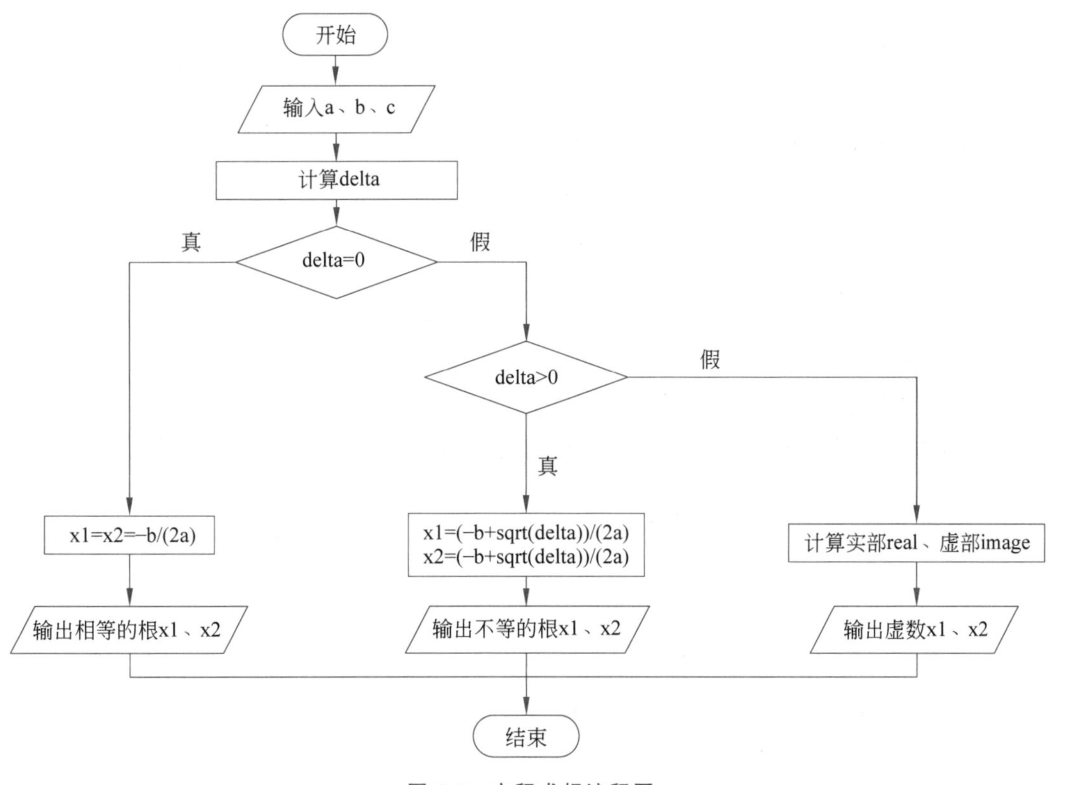

图 5.5　方程求根流程图

完整代码如下：

```c
#include <stdio.h>
#include <stdlib.h>
#include <math.h>
int main(){
    double a, b, c, delta,x1,x2;
    scanf("%lf %lf %lf", &a, &b, &c);
    //计算 delta
    delta = b * b - 4 * a * c;
    //两个根相等
    if(delta == 0){
        printf("x1=x2=%.6f\n",-b / (2 * a));
    }else if(delta > 0){
    //两个根不等
        x1 = (-b + sqrt(delta))/(2 * a);
        x2 = (-b - sqrt(delta))/(2 * a);
        printf("x1=%.6f;x2=%.6f\n",x1,x2);
    }else{
    //没有实数解
        x1 = -b / (2 * a);
        if(abs(b) < 1e-7){
            x1 = 0;
        }
        x2 = sqrt(-delta)/(2 * a);
        printf("x1=%.6f+%.6fi;x2=%.6f-%.6fi\n",x1,x2,x1,x2);
    }
    return 0;
}
```

5.7.2 运费计算

某快递公司在运费计算时采用分段函数进行计算：

$$f(x)=\begin{cases}1.5x & 0<x\leqslant 10\\ 2.5x & 10<x\leqslant 50\\ 3.5x & 50<x\leqslant 100\\ 5.0x & x>100\end{cases}$$

其中，x 为运送距离。

请根据用户的寄件距离计算应支付的费用，精确到小数点后两位。

分析：根据问题描述，对于距离 x，其运费为求阴影部分面积，如图 5.6 所示。

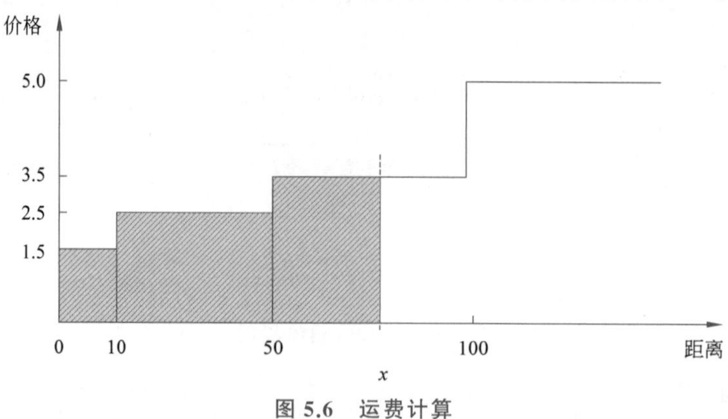

图 5.6 运费计算

由此,得到如下代码:

```
#include <stdio.h>
#include <stdlib.h>

int main(){
    float dist,fee;
    scanf("%f",&dist);
    if(dist > 0){
      if(dist < 10){
          fee = 1.5 * dist;
      }else if(dist < 50){
          fee = 1.5 * 10 + 2.5 * (dist - 10);
      }else if(dist < 100){
          fee = 1.5 * 10 + 2.5 * (50 - 10) + 3.5 * (dist - 50);
      }else{
          fee = 1.5 * 10 + 2.5 * (50 - 10) + 3.5 * (100 - 50) + 5.0 * (dist - 100);
      }
    }else{
        printf("input error");
    }
    printf("the fee is %.2f\n",fee);
    return 0;
}
```

运行结果:

```
65
the fee is 167.50
```

习　　题

(1) 给定一个整数 N,判断其正负。如果 N>0, 输出 positive;如果 N=0, 输出 zero;如果 N < 0, 输出 negative。

(2) 判断一个数 n 能否同时被 5 和 6 整除,输出 Yes 或 No。

(3) 判断一个整数是否为 3 位且能被 11 整除,输出 Yes 或 No。

(4) 编写支持+,-,*,/4 种运算的简单计算器,输入输出都为整数。输入只有一行,第 1、2 个参数为整数,第 3 个参数为操作符(+,-,*,/)。输出只有一行,一个整数,为运算结果。

(5) 输入 A、B、C 3 个坐标点,判断这 3 个点是否在一条直线上,并输出 Yes 或 No,分别表示在一条直线上或不在一条直线上。

(6) 输入一个 5 位的整数 n 和 1 位整数 k,统计 n 中等于 k 的数字的个数并输出,如果没有则输出 0。

(7) 输入 A、B、C 3 个坐标点，然后输入第 4 个坐标点 D，判断 D 点是否在由 A、B、C 组成的三角形内，输出 Yes 或 No，并画出流程图。

(8) 给定分段函数 $f(x)=\begin{cases} -x+3 & 0\leqslant x<5 \\ 3-2.1(x-5)(x+2) & 5<x\leqslant 15 \\ x/5-2.1 & 15<x \end{cases}$

输入 x，输出 $f(x)$，精确到小数点后 3 位。

第6章

循环结构

 6.1 概　　述

大多数程序往往比较复杂，需要处理大量的数据和复杂的逻辑，仅仅依靠顺序结构以及选择结构是难以完成的。

例 6.1 求 1～100 所有整数之和。

```
#include <stdio.h>
#include <stdlib.h>

int main(){
    int sum = 0;
    sum += 1;
    sum += 2;
    sum += 3;
    …
    sum += 100;
    return 0;
}
```

显然，按照上述逻辑求解问题的代码存在大量的冗余，不仅代码不够简洁，而且也难以维护和扩展。如果问题变为求 100～1000 的所有整数之和，则又需要重新编写代码。而这两个问题仅仅只是数据不同，程序逻辑是相同的。

为了更直观地感受代码冗余，将代码做如下修改：

```
#include <stdio.h>
#include <stdlib.h>

int main(){
    int sum = 0;
    int i = 1;
    sum += i; i ++;     //sum = sum + 1; i = 2
    sum += i; i ++;     //sum = sum + 2; i = 3
    sum += i; i ++;     //sum = sum + 3; i = 4
    …
    sum += i; i ++;     //sum = sum + 100; i = 101
    return 0;
}
```

从改进后的代码可知,程序的主要逻辑是由100条重复执行的语句(块)组成的,而处理这些重复逻辑不能通过使用顺序结构、选择结构来简化,因此需要一种能够处理重复语句的程序结构。支持重复执行相同逻辑的程序结构称为循环结构,是程序设计中不可缺少的部分,是计算机思维模式的重要体现。

循环结构有while循环、do-while循环和for循环3种形式,都包含了循环控制变量初始化、循环条件判断和循环控制变量的增加(减少)。通过改变循环控制变量,使得循环能够在执行预定次数之后正常退出循环。

6.2 while语句

语法:

```
while(表达式){
    语句;
}
```

说明:

(1) 表达式的结果为非0时进入循环执行,结果为0时退出循环。

(2) 循环语句可以是一条单独的语句,也可以是多个语句组成的复合语句。

while循环执行流程如图6.1所示。

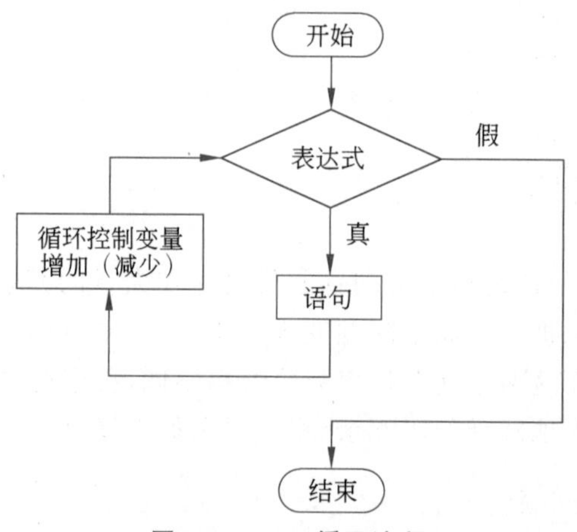

图6.1 while循环流程

例6.2 求1~100所有整数之和。

根据例6.1的改进代码可知,问题的主要操作是执行如下代码100次:

```
sum += i;
i ++;
```

其中,i的初值为1,sum的初值为0。每执行一次累加操作,i自加一次,经过100次操作到达100,因此可以用变量i作为循环控制变量。通过逐次自加,最终使得循环条件i<=100不成立,正常退出循环。

循环执行流程如图 6.2 所示。

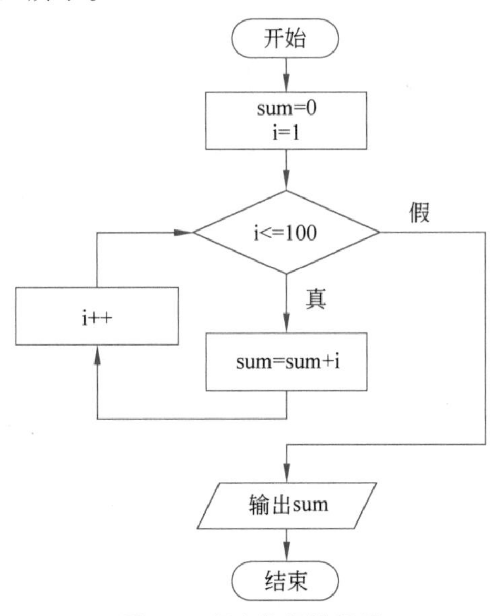

图 6.2　程序执行流程图

完整代码如下：

```
#include <stdio.h>
#include <stdlib.h>

int main(){
    int sum = 0, i = 1;
    while(i <= 100){
        sum += i;
        i ++;
    }
    printf("1+2+3+…+100=%d",sum);
    return 0;
}
```

例 6.3　接受用户多组输入，每组输入 3 个整数，输出每组 3 个整数中最大的整数。

在评测程序逻辑中接受多组输入进行运算经常存在，分为明确输入数据的行数和没有明确数据的行数。

（1）行数确定的情况。

```
#include <stdio.h>
#include <stdlib.h>

int main(){
    int x,y,z,line;
    scanf("%d",&line);              //第一个数据为待输入数据行数 line
    while(line > 0){                //循环 line 次,每次读入一行数据
        scanf("%d,%d,%d",&x, &y, &z);
        int max_val = x > y ? (x > z ? x : z) : (y > z ? y : z);
        printf("max is %d\n",max_val);
        line --;                    //循环变量自减,最终使得 line>0 不成立
```

```
    }
    return 0;
}
```

运行结果：

```
2
1,2,3
max is 3
9,8,-2
max is 9
```

(2) 没有明确数据行数的情况。

```
#include <stdio.h>
#include <stdlib.h>

int main(){
    int x,y,z;
    while(~scanf("%d,%d,%d",&x,&y,&z)){
        int max_val = x > y ? (x > z ? x : z) : (y > z ? y : z);
        printf("max is %d\n",max_val);
    }
    return 0;
}
```

上述代码每次读入一组数据，并监测是否读到了文件末尾，如果读到了文件末尾，说明多组数据读入完毕。注意scanf()函数的返回值，当scanf读取文件末尾，会返回EOF(−1)，~可以把−1的二进制取反为0，此时条件为假，循环终止。

例 6.4 求整数n的位数。

以n=123456为例进行如下操作：

(1) n /=10;digits ++; //n=12345 digits=1

(2) n /=10;digits ++; //n=1234 digits=2

(3) n /=10;digits ++; //n=123 digits=3

(4) n /=10;digits ++; //n=12 digits=4

(5) n /=10;digits ++; //n=1 digits=5

(6) n /=10;digits ++; //n=0 digits=6

上述操作中每一次操作将整数n向右移一位，在去掉最低位的同时用0填补高位，记录数字位数的变量digits增加1。每操作一次，n的位数会变少一位，最终n会变为0，此时，整数n的数字位数都已被统计。

完整代码如下：

```
#include <stdio.h>
#include <stdlib.h>

int main(){
```

```
    int n, digits = 0;
    scanf("%d",&n);
    while(n > 0){                  //循环条件判断
        n /= 10;                   //每执行一次循环,n 的位数少一位
        digits ++;                 //记录 n 的位数
    }
    printf("%d digit(s)",digits);
    return 0;
}
```

运行结果：

```
123456
6 digit(s)
```

例 6.5

例 6.5　判断一个整数是否为素数。

素数是指只能被 1 和自己整除的整数。对于一个整数 n，如果在 2～n－1 中存在整数可以整除 n，则 n 不是素数。

```
#include <stdio.h>
#include <stdlib.h>

int main(){
    int n, i = 2, isPrime = 1;     //默认整数 n 是素数
    scanf("%d",&n);
    while(i < n){                  //枚举 2~n-1 中所有整数 i
        if(n % i == 0){            //如果 i 能够整除 n,则 n 不为素数
            isPrime = 0;           //修改默认,标记 n 不是素数
        }
        i ++;                      //循环控制变量增加,最终 i<n 不成立退出循环
    }
    if(isPrime) printf("%d is prime.",n);
    else printf("%d is not prime.",n);
    return 0;
}
```

代码优化：

在进行素数判断过程中需要对 2～n－1 中每个数进行测试，这个过程可以进一步优化。假设 n 不是素数，则可以表示为 $n=pq(1<p、q<n)$，约定 $p\leqslant q$。在测试的过程中，用 2～p 中的每一个数去除 n，如果存在整数能够整除 n，则说明 n 不是素数。显然当 p=q 时 p 的最大值为$\sqrt{n}$，只需要用 2～$\sqrt{n}$的所有数去除 n 即可，超过$\sqrt{n}$的整数则不需要测试。

```
#include <stdio.h>
#include <stdlib.h>
#include <math.h>

int main(){
```

```
    int n, i = 2, isPrime = 1;
    scanf("%d",&n);
    while(i <= sqrt(n)){
        if(n % i == 0){
            isPrime = 0;
        }
        i ++;
    }
    if(isPrime) printf("%d is prime.",n);
    else printf("%d is not prime.",n);
    return 0;
}
```

代码优化之前是典型的蛮力法求解,思路就是穷尽所有可能,这将导致程序的运算时间开销较大。例如,对 n=10000 的情况,优化之前的代码要执行接近 10 000 次,而优化之后只需要执行 100 次,性能提升了 100 倍。

6.3 嵌套循环

当循环体中的语句是循环语句时就构成了嵌套循环,嵌套循环可以求解更加复杂的问题。

例 6.6

例 6.6 打印九九乘法表。

九九乘法表的输出是一个二维数据,该数据可以看成 9 行数据,每行数据包含 9 列数据。显然输出 9 行数据需要使用循环,在输出每行数据时又需要进行循环输出 9 列数据,构成了嵌套循环的应用场景。

代码如下:

```
#include <stdio.h>
#include <stdlib.h>

int main(){
    int row = 1, col = 1;
    printf("九九乘法表\n");
    while(row <= 9){        //打印 9 行
        col = 1;
        while(col <= 9){  //在每行内打印 9 列
            printf("%d\t",row * col);
            col ++;
        }
        printf("\n");       //每行打印完毕换行
        row ++;             //打印下一行
    }
    return 0;
}
```

运行结果:

```
九九乘法表
1	2	3	4	5	6	7	8	9
2	4	6	8	10	12	14	16	18
3	6	9	12	15	18	21	24	27
4	8	12	16	20	24	28	32	36
5	10	15	20	25	30	35	40	45
6	12	18	24	30	36	42	48	54
7	14	21	28	35	42	49	56	63
8	16	24	32	40	48	56	64	72
9	18	27	36	45	54	63	72	81
```

实际上九九乘法表是一个下三角的形式，这意味着不同行的数字个数并不相同，如图 6.3 所示。

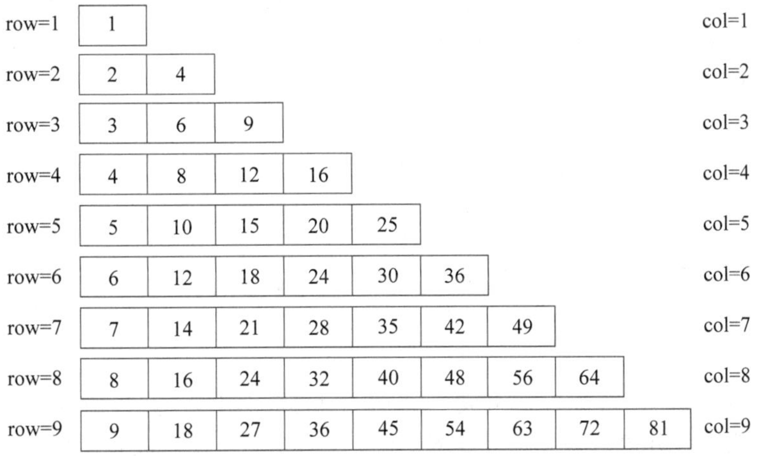

row=1	1									col=1
row=2	2	4								col=2
row=3	3	6	9							col=3
row=4	4	8	12	16						col=4
row=5	5	10	15	20	25					col=5
row=6	6	12	18	24	30	36				col=6
row=7	7	14	21	28	35	42	49			col=7
row=8	8	16	24	32	40	48	56	64		col=8
row=9	9	18	27	36	45	54	63	72	81	col=9

图 6.3　每行列数分析

从图 6.3 可知，每行需要输出的列数(col)与行标(row)相等，因此，内循环的变量范围为 1～row。

代码修改如下：

```c
#include <stdio.h>
#include <stdlib.h>

int main(){
    int row = 1, col = 1;
    printf("九九乘法表\n");
    while(row <= 9){            //打印行
        col = 1;
        while(col <= row){  //打第 row 行的列,列数为 row
            printf("%d\t",row * col);
            col ++;
        }
        printf("\n");         //每行打印完毕换行
        row ++;
    }
    return 0;
}
```

运行结果:

```
九九乘法表
1
2      4
3      6      9
4      8      12     16
5      10     15     20     25
6      12     18     24     30     36
7      14     21     28     35     42     49
8      16     24     32     40     48     56     64
9      18     27     36     45     54     63     72     81
```

对于具有规则输出的字符图形,可以通过分析列数与行标之间的关系得到简单的计算公式,进而利用双重嵌套循环进行字符图形生成。

例 6.7　输入整数 n,打印 n 行由 * 组成的三角形(以 n=6 为例)。

```
     *
    ***
   *****
  *******
 *********
***********
```

问题分析:

(1) 每行的组成:图形由 n 行组成,每行由空格和 * 组成。n 行的输出需要使用循环,而且每行打印需要使用循环输出多个字符,因此该问题需要使用嵌套循环。

(2) 空格的计数:每行的前部连续输出多个空格。假定当前输出第 row(0～n－1) 行,则需要输出空格的数量 space＝n－row－1。简单验证:row＝1、space＝n－1;row＝n－1、space＝0。

(3) 星号的计数:在空格之后需要输出多个 *,具体计数为 stars＝2 * row＋1。简单验证:row＝0、stars＝1;row＝n－1、stars＝2 * n－1。

代码如下:

```
#include <stdio.h>
#include <stdlib.h>

int main(){
    int n,row = 0,space,stars = 0;
    scanf("%d",&n);
    while(row < n){          //打印 n 行
        //先打印每行前面的空格
        space = 0;
        while(space < n - row - 1){
            printf(" ");
            space ++;
        }
        //然后打印每行的 * 号
```

```
        stars = 0;
        while(stars < 2 * row + 1){
            printf("* ");
            stars ++;
        }
        //每行打印完毕换行
        printf("\n");
        //打印下一行
        row ++;
    }
    return 0;
}
```

6.4　循环中断语句

从例 6.5 可知，当第一次有整数可以整除 n 时就说明该数不是素数，循环即可停止。但代码一直循环到 n−1 才终止循环，浪费了计算资源，因此，循环应具备中断机制。C 语言中实现循环中断的是 break 和 continue 语句。

6.4.1　break 语句

break 语句

break 语句只能用于循环语句和 switch 语句中，作用是退出结束循环语句和 switch 语句，接着执行后续语句，如图 6.4 所示。

```
#include <stdio.h>
#include <stdlib.h>

int main(){
    ...
    while(condition1){
        ...
        if(condition2){
            break;
        }
        ...
    }
    other statements
    return 0;
}
```

图 6.4　break 语句执行流程

使用 break 对例 6.5 代码优化如下：

```
#include <stdio.h>
#include <stdlib.h>
#include <math.h>

int main(){
```

```
    int n, i = 2, isPrime = 1;
    scanf("%d", &n);
    while(i <= sqrt(n)){
        if(n % i == 0){
            isPrime = 0;
            break;           //提前终止循环
        }
        i ++;
    }
    if(isPrime) printf("%d is prime.", n);
    else printf("%d is not prime.", n);
    return 0;
}
```

加入 break 语句后,存在多条可能的执行流程。如在到达 if(isPrime)语句时,可能是 break 语句提前终止了循环,也可能是循环正常结束。每条执行流程的意义是不一样的,由 break 终止的流程表明了该数不是素数,正常结束表示该数是素数。不同执行流程可以通过 isPrime 进行判断。

break 语句只能退出当层循环,对于嵌套循环,则需要根据 break 所在的循环层确定其终止的是哪一层循环。

例 6.8 求 1000 以内前 50 个素数,每行输出 10 个素数。

分析:枚举 2～1000 所有的整数,如果为素数则输出,当输出素数数量达到 50 个则退出。

```
#include <stdio.h>
#include <stdlib.h>
#include <math.h>

int main(){
    int isPrime, counts = 0, n = 2, num;
    //枚举 2~1000 以内所有的整数
    while(n <= 1000){
        //判断当前整数 n 是否为素数
        isPrime = 1;                //默认 n 是素数
        num = 2;
        while(num <= sqrt(n)){
            //n 能被整除,确定 n 不是素数,退出内层循环
            if(n % num == 0){
                isPrime = 0;
                break;              //退出内层循环
            }
            num ++;
        }
        //当前整数 n 是素数,则输出并计数
        if(isPrime){
            printf("%d ", n);
            counts ++;
```

```
            //计数达到 10 则换行
            if(counts % 10 == 0){
                printf("\n");
            }
            //计数达到 50,则退出当前循环即外层循环,不再查找下一个素数
            if(counts == 50){
                break;
            }
        }
        n ++;           //判断下一个整数是否为素数
    }
    return 0;
}
```

运行结果：

```
2 3 5 7 11 13 17 19 23 29
31 37 41 43 47 53 59 61 67 71
73 79 83 89 97 101 103 107 109 113
127 131 137 139 149 151 157 163 167 173
179 181 191 193 197 199 211 223 227 229
```

6.4.2　continue 语句

continue 语句的作用是跳过循环体中 continue 后面未执行的语句，接着进行循环下一次迭代，如图 6.5 所示。

```
#include <stdio.h>
#include <stdlib.h>

int main(){
    ...
    while( condition1){
        ...
        if(condition2){
            continue;
        }
        ...
    }
    other statements
    return 0;
}
```

图 6.5　continue 语句执行流程

例 6.9　输出 1000 以内能被 5 整除，且包含两个 3 的整数。

```
#include <stdio.h>
#include <stdlib.h>

int main(){
```

```
    int i = 33,times = 0,k;
    while(i ++ <= 1000){
        if(i % 5 != 0) continue;    //不能被 5 整除则测试下一个整数
        k = i;
        times = 0;
        while(k > 0){
            int low = k % 10;
            k /= 10;
            if(low == 3){
                times ++;
            }
        }
        if(times == 2){
            printf("%d ",i);
        }
    }
    return 0;
}
```

6.5 do-while 语句

直到型循环语句是 do-while 语句,其语法结构为:

```
do{
    循环语句;
}while(循环条件表达式);
```

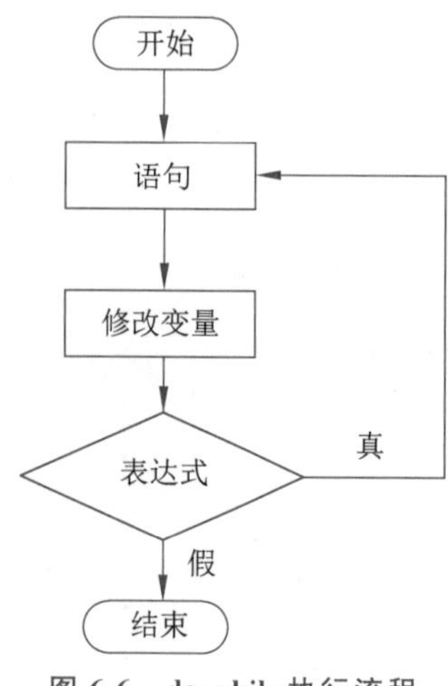

图 6.6 do-while 执行流程

执行流程如图 6.6 所示。

do-while 循环执行过程:

(1) 执行循环语句。

(2) 根据表达式计算结果判断是否继续执行循环体,如果结果为真,则执行,否则,退出循环。

do-while 循环至少执行一次,使用场景有限,不经常使用。

例 6.10 猜数。

设定一个整数 x,根据用户输入的整数 n,输出大于、小于的提示,直到用户输入的整数 n 与 x 相等。

问题首先需要输入一个数 n,如果与 n 与 x 不相等,则继续提示用户输入,直到 n 与 x 相等,退出程序。

do-while 循环适用于该问题,具体代码如下:

```
#include <stdio.h>
#include <stdlib.h>

int main(){
```

```
    int x = 115,n;
    do{
        printf("input an integer:");
        scanf("%d",&n);
        if(x > n) printf("a larger integer is expected.\n");
        else if(x < n) printf("a smaller integer is expected.\n");
        else{
          printf("Yes, the integer is %d\n",x);
          break;
        }
    }while(n != x);
    return 0;
}
```

运行结果：

```
input an integer:110
a larger integer is expected.
input an integer:120
a smaller integer is expected.
input an integer:112
a larger integer is expected.
input an integer:118
a smaller integer is expected.
input an integer:116
a smaller integer is expected.
input an integer:114
a larger integer is expected.
input an integer:115
Yes, the integer is 115
```

其实 do-while 循环能解决的问题都可以使用 while 循环实现，代码如下：

```
#include <stdio.h>
#include <stdlib.h>

int main(){
    int x = 115,n;
    printf("input an integer:\n");
    while(1){                    //永真的条件，如果没有 break，该循环将一直执行
        scanf("%d",&n);
        if(n > x){
            printf("a smaller integer is expected.\n");
        }else if(n < x){
            printf("a larger integer is expected.\n");
        }else{
            //n=x,退出循环
            printf("Yes, the integer is %d.\n",x);
            break;
        }
    }
    return 0;
}
```

6.6 for 语句

除了可以用 while 语句和 do-while 语句实现循环外，C 语言还提供 for 语句实现循环，而且 for 语句更为灵活，可以代替 while 语句。

6.6.1 for 语句的语法

for 语句的语法如下：

```
for(表达式 1;表达式 2;表达式 3) {
        语句
}
```

说明：

(1) 表达式 1：设置初始条件，只执行一次，可以为相关变量设置初值。

(2) 表达式 2：循环条件表达式，判定是否继续循环。在每次执行循环体前先执行此表达式，决定是否继续执行循环。

(3) 表达式 3：循环变量的增加(减少)，在执行完循环体后才进行。

从上述说明可知，for 循环将 while 循环中的关键语句整合成了一条语句，执行流程本质上与 while 相同，因此，for 循环比 while 循环使用起来更为方便，绝大多数情况下可以替代 while 循环。

例 6.11 求 1～100 所有整数之和。

```
#include <stdio.h>
#include <stdlib.h>

int main() {
    int sum = 0;
    for(int i = 1; i <= 100; i ++) {
        sum += i;
    }
    printf("1+2+…+100=%d\n", sum);
    return 0;
}
```

例 6.12 输入一个整数 n，输出 n 的每位数字之和。

```
#include <stdio.h>
#include <stdlib.h>

int main() {
    int n, sum = 0;
    scanf("%d", &n);
    for(int i = n; i > 0; i /= 10) {
        sum += i % 10;
    }
```

```
    printf("digits sum is %d",sum);
    return 0;
}
```

以上代码与如下代码等价：

```
#include <stdio.h>
#include <stdlib.h>

int main(){
    int n,sum = 0;
    scanf("%d",&n);
    while(n > 0){
        sum += n % 10;
        n /= 10;
    }
    printf("digits sum is %d",sum);
    return 0;
}
```

因为 while 循环将循环控制条件、循环控制变量修改等要素分开，使得程序在编写时容易出现错误，但 for 循环将这些要素形成了一个整体，在程序编写时不容易出错。

6.6.2　嵌套 for 语句

在一些程序逻辑实现时，需要使用嵌套的循环。因为 for 循环语句与 while 循环语句等价，而且 for 语句更易组织，因此，在嵌套循环中使用更广泛。

例 6.13　列出 100 之内所有素数。

```
#include <stdio.h>
#include <stdlib.h>
#include <math.h>

int main(){
    int isPrime;
    for(int i = 2; i <= 100; i ++){
        isPrime = 1;
        for(int j = 2; j <= sqrt(i); j ++){
            if(i % j == 0){
                isPrime = 0;
                break;
            }
        }
        if(isPrime){
            printf("%d ",i);
        }
    }
    return 0;
}
```

例 6.14

例 6.14 百钱买百鸡。

中国古代数学家张丘建在他的《算经》中提出了一个著名的"百钱买百鸡问题"：

鸡翁一，值钱五，鸡母一，值钱三，鸡雏三，值钱一，百钱买百鸡，问翁、母、雏各几何？

分析：该问题是一个古典数学问题，因为变量数有 3 个，但只有两个方程，所以存在不定解。对于此类问题，一般方法是通过在变量合法范围内穷举所有可能的组合，找到符合问题要求的多组解，即蛮力法(暴力求解法)。

设鸡翁、鸡母、鸡雏的数量分别为 x、y、z，则三者的取值范围为：

(1) 鸡翁 x：0～100/5。

(2) 鸡母 y：0～100/3。

(3) 鸡雏 z：100－x－y。

问题所给关系为：

(1) $x+y+z=100$。

(2) $5x+3y+\frac{z}{3}=100 \Rightarrow 15x+9y+(100-x-y)=300$。

完整代码如下：

```
#include <stdio.h>
#include <stdlib.h>

int main(){
    int x,y;
    for(x = 0; x <= 20; x ++){
        for(y = 0; y <= 33; y ++){
            if(15 * x + 9 * y + (100 - x - y) == 300){
                printf("cock:%d hen:%d chicken:%d\n",x,y,100 - x - y);
            }
        }
    }
    return 0;
}
```

运行结果：

```
cock:0 hen:25 chicken:75
cock:4 hen:18 chicken:78
cock:8 hen:11 chicken:81
cock:12 hen:4 chicken:84
```

6.6.3 for 语句的变体

for 语句中将初始化、条件判断、循环变量修改放到一条语句中，对于编程更为友好。根据问题需要，这些语句也可以分开写在不同的位置，形成如下几种形式的变体，以求 1～100 所有整数之和为例。

(1) 初始化写在 for 语句之前。

```
#include <stdio.h>
#include <stdlib.h>

int main(){
    int sum = 0, i = 1;
    for(; i <= 100; i ++){
        sum += i;
    }
    printf("1 + 2 + …+ 100 = %d\n",sum);
    return 0;
}
```

（2）条件判断写在循环体之内。

```
#include <stdio.h>
#include <stdlib.h>

int main(){
    int sum = 0, i = 1;
    for(; ; i ++){
        sum += i;
        if(i == 100) break;
    }
    printf("1 + 2 + …+ 100 = %d\n",sum);
    return 0;
}
```

（3）循环变量的修改写在循环体内。

```
#include <stdio.h>
#include <stdlib.h>

int main(){
    int sum = 0, i = 1;
    for( ; ; ){
        sum += i;
        if(i == 100) break;
        i ++;
    }
    printf("1 + 2 + …+ 100 = %d\n",sum);
    return 0;
}
```

根据问题的需要，这些变体形式可以组合使用，即 for 循环语句中的 3 条语句都可以不用出现在 for 语句中。如果使用变体形式，一定要注意在其他的地方要有初始化、条件判断、循环控制变量的修改，否则程序可能陷入死循环。当然有死循环需求的特定问题除外，如服务程序、窗口程序等。

例 6.15　利用莱布尼茨公式计算圆周率，精确到小数点后 6 位。

$$\frac{\pi}{4}=1-\frac{1}{3}+\frac{1}{5}-\frac{1}{7}+\frac{1}{9}-\frac{1}{11}+\cdots$$

```
#include <stdio.h>
#include <stdlib.h>

int main(){
    double sum = 0;
    int flag = 1;
    for(int i = 0; ; i ++){
        double item = 1./(2 * i + 1);
        sum += flag * item;
        flag = -flag;
        if(item < 1e-8) break;
    }
    printf("pi = %.6f\n",sum * 4);
    return 0;
}
```

运行结果：

```
pi = 3.141593
```

6.7 goto 语句

goto 语句也称为无条件转移语句，其一般格式如下：

```
goto 语句标号;
```

其中，语句标号是按标识符规定书写的符号，放在某一语句行的前面，标号后加冒号(:)。

用 goto 语句实现 1～100 所有整数之和的代码如下：

```
#include <stdio.h>
#include <stdlib.h>
#include <math.h>

int main(){
    int sum = 0, i = 1;
    loop:
        sum += i ++;
        if(i > 100) goto exit;
    goto loop;
    exit:
        printf("1 + 2 + …+ 100 = %d\n",sum);
    return 0;
}
```

显然，使用 goto 使得代码的跳转过于随意，因此在任何编程语言中，都不建议使用 goto 语句，因为它使得程序的控制流难以跟踪，使程序难以理解和维护。任何使用 goto 语句的程序可以改写成不需要使用 goto 语句的写法。

6.8　能力拓展

6.8.1　打印菱形

输入整数 n,按要求打印镂空菱形(以 n=6 为例)。

分析：该菱形包含 4 个部分。

(1) 第 1 行。输出 n−1 个空格,然后输出 1 个 * 。

(2) 第 2~n 行。每行包括第一个 * 左侧的空格、两个 * 之间的空格。将第 2 行的行标定为 1,则第 i 行中第 1 个 * 左侧的空格数量为 n−i−1、两个 * 之间的空格数量为 2 * i−1。

(3) 第 n+1~2 * n−2 行。每行的结构与第 2~n 相似,但空格数量不同。将第 n+1 行的行标定为 1,则第 i 行中第 1 个 * 左侧的空格数量为 i、两个 * 之间的空格数量为 2 * (n−i−1)−1。

(4) 最后一行与第 1 行输出相同。

完整代码如下：

```
#include <stdio.h>
#include <stdlib.h>

int main(){
    int n;
    scanf("%d",&n);
    //打印第 1 行
    for(int i = 0; i < n - 1; i ++){
        printf(" ");
    }
    printf("* \n");
    //打印第 2~n 行
    for(int i = 1; i < n; i ++){
        //打印每行的前面空格
        for(int j = 0; j < n - 1 - i; j ++){
            printf(" ");
        }
        //打印第 1 个 *
        printf("* ");
        //打印 * 之间的空格
```

```
        for(int j = 0; j < 2 * (i - 1) + 1; j ++){
            printf(" ");
        }
        //打印第2个*
        printf("*\n");
    }
    //打印第n+1～2*n-2行
    for(int i = 1; i < n - 1; i ++){
        //打印每行前面的空格
        for(int j = 0; j < i; j ++){
            printf(" ");
        }
        //打印第1个*
        printf("*");
        //打印中间的空格
        for(int j = 0; j < 2 * (n - i - 1) - 1 ; j ++){
            printf(" ");
        }
        //打印第2个*
        printf("*\n");
    }
    //打印最后一行
    for(int i = 0; i < n - 1; i ++){
        printf(" ");
    }
    printf("*\n");
    return 0;
}
```

运行结果:

```
10
         *
        * *
       *   *
      *     *
     *       *
    *         *
   *           *
  *             *
 *               *
*                 *
 *               *
  *             *
   *           *
    *         *
     *       *
      *     *
       *   *
        * *
         *
```

6.8.2　方程求根

给定 3 个正整数 A、B、C，求方程的根：

$$Ax^3 - Be^{-cx} = 0$$

输入：正整数 A、B、C，且 A，B，C 的取值为 1～1000。

输出：四舍五入保留到小数点后三位数，数据保证最后的答案小于 1000。

分析：由于 A、B、C 都为正数，所以 Ax^3 是单调递增函数，$-Be^{-cx}$ 也是单调递增函数，因此函数 $f(x) = Ax^3 - Be^{-cx}$ 为单调递增函数。$f(0) = -B < 0$，根据问题描述可知 $f(1000) > 0$，根据零值定理可知，在区间[0,1000]必有方程唯一的根。

由于该方程比较复杂，无精确求解的公式可用，为此，可以利用计算机搜索一个足够逼近真实解的点 x，即认为求得方程的根。

具体逼近过程如下所示：

(1) 首先确定 left、right，使得 $f(\text{left})f(\text{right}) < 0$。

(2) 计算 left、right 的中点 mid=(left+right)/2，如果 f(left)f(mid)>0，说明根不在[left,mid]，置 left=mid。同理，如果 f(right)f(mid)>0，说明根不在[mid,right]，置 right=mid。通过逐次迭代，将 left、right 逐步逼近方程的真实根，如图 6.7 所示。

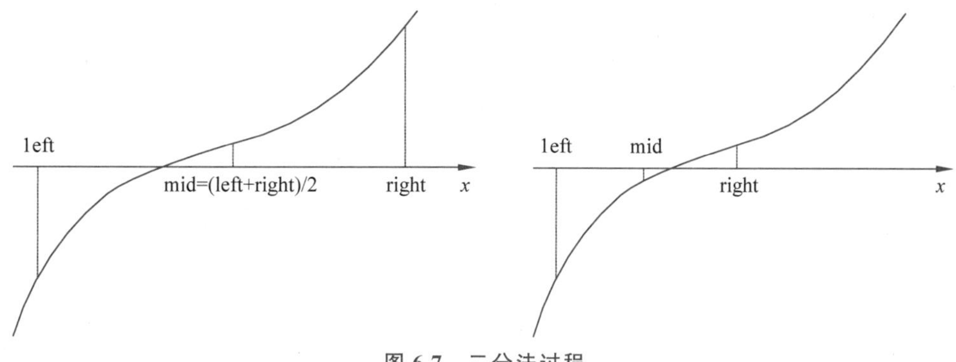

图 6.7　二分法过程

(3) 经过足够多次迭代后，left、right 将足够接近真实根。当|left−right|<ε 时，即认为算法搜索到方程的根。

该搜索过程每次将[low,high]区间一分为二，因此称为二分法。

完整代码如下：

```
#include <stdio.h>
#include <stdlib.h>
#include <math.h>

int main(){
    int a,b,c;
    double left = 0,right = 1000,mid;
    scanf("%d,%d,%d",&a,&b,&c);
    while(fabs(left - right) > 1e-6){
        mid = (left + right) / 2;
        if((a * mid * mid * mid - b * exp(-c * mid)) < 0){
```

```
            left = mid;
        }else{
            right = mid;
        }
    }
    printf("%.3f",mid);
    return 0;
}
```

运行结果：

```
1,1,1
0.773
```

习　　题

1. 程序阅读题

(1) 写出程序输出结果。

```
#include <stdio.h>
int main() {
    int i;
    for (i = 0; i < 5; i++) {
        printf("%d ", i);
    }
    return 0;
}
```

(2) 写出程序输出结果。

```
#include <stdio.h>
int main() {
    int i = 10;
    while (i > 0) {
        printf("%d ", i);
        i -= 2;
    }
    return 0;
}
```

(3) 写出程序输出结果。

```
#include <stdio.h>
int main() {
    int i = 1;
    do {
        printf("%d ", i);
        i *= 2;
    } while (i < 10);
    return 0;
}
```

（4）写出程序输出结果。

```
#include <stdio.h>
int main() {
    int i, j;
    for (i = 1; i <= 3; i++) {
        for (j = 1; j <= 2; j++) {
            printf("%d %d\n", i, j);
        }
    }
    return 0;
}
```

（5）写出程序输出结果。

```
#include <stdio.h>
int main() {
    int i;
    for (i = 0; i < 5; i++) {
        if (i == 3) {
            continue;
        }
        printf("%d ", i);
    }
    return 0;
}
```

（6）写出程序输出结果。

```
#include <stdio.h>
int main() {
    int a, s, n, count;
    a = 2;
    s = 0;
    n = 1;
    count = 1;
    while (count <= 7) {
        n = n * a;
        s = s + n;
        ++count;
    }
    printf("s = %d", s);
    return 0;
}
```

（7）写出程序输出结果。

```
#include <stdio.h>
int main() {
    int i, j = 4;
    for (i = j; i < 2 * j; i++)
```

```
        switch (i / j) {
        case 0:
        case 1: printf("*"); break;
        case 2: printf("#");
        }
    return 0;
}
```

(8) 阅读程序,回答问题。

```
#include <stdio.h>
int main() {
    int i, j, k = 19;
    while (i = k - 1) {
        k -= 3;
        if (k % 5 == 0) {
            i++;
            continue;
        }
        if (k < 5)
            break;
        i++;
    }
    printf("i = %d, k = %d\n", i, k);
    return 0;
}
```

① 上述代码的输出结果是什么?

② 如果将 i=k−1 改至 while 循环内,应该添加到何处,循环条件又将如何修改?

(9) 阅读程序,回答问题。

```
#include <stdio.h>
int main() {
    int k=10;
    while(k=0) k=k-1;
    return 0;
}
```

① 阅读以上片段,思考 while 循环执行几次。

② 如果把 k=0 改为 k==0 会执行几次?

(10) 阅读程序,回答问题。

```
#include <stdio.h>
int main() {
    int x = 3;
    do {
        printf("%d", x -= 2);
    }
    while (!(--x));
    return 0;
}
```

① 上述代码的输出结果是什么？

② 将--x 换为 x--，输出结果是什么？

2. 程序填空题

（1）按要求填空。

```
#include <stdio.h>
int main() {
    int i;
    for (i = 0; i < _______; i++) {
        printf("%d ", i);
    }
    return 0;
}
```

填空处应该是什么数字才能使程序输出"0 1 2 3 4"？

（2）按要求填空。

```
#include <stdio.h>
int main() {
    int i = _______;
    while (i > 0) {
        printf("%d ", i);
        i -= _______;
    }
    return 0;
}
```

填空处应该是什么数字才能使程序输出 "10 8 6 4 2"？

（3）按要求填空。

```
#include <stdio.h>
int main() {
    int i = 1;
    do {
        printf("%d ", i);
        i *= _______;
    } while (i < _______);
    return 0;
}
```

填空处应该是什么数字才能使程序输出 "1 2 4 8"？

（4）按要求填空。

```
#include <stdio.h>
int main() {
    int i;
    for (i = 0; i < _______; i++) {
        printf("%d ", i * 2);
    }
    return 0;
}
```

填空处应该是什么数字才能使程序输出 "0 2 4 6 8"?

(5) 按要求填空。

```
#include <stdio.h>

int main() {
    int i = _______;
    while (i < 100) {
        printf("%d ", i);
        i *= _______;
    }
    return 0;
}
```

填空处应该是什么数字才能使程序输出 "5 25 125"?

(6) 按要求填空。

```
#include <stdio.h>
int main() {
    int r, m, n;
    scanf("%d, %d", &m, &n);
    if (m < n) {
        _______
    }
    r = m % n;
    while (r) {
        _______
    }
    printf("%d\n", n);
    return 0;
}
```

在画线处填写代码,使得 n 变成 n、m 的最大公因数。

(7) 阅读并填空,用递归的方法实现求菲波那契数列。

```
#include <stdio.h>
int fib(int n) {
    if (n >= 3)
        return _______;
    else
        return _______;
}
int main() {
    printf("%d\n", fib(_______));
    return 0;
}
```

(8) 按要求填空。

```
#include <stdio.h>
int main() {
    int i = 1, j = 0;
    do {
        if (________) {
            printf("%4d", i);
            ________;
            if (j % 5 == 0)
                printf("\n");
        }
        i++;
    }
    while (i <= 1000);
}
```

完成填空，输出 1～1000 满足用 3 除余 2，用 5 除余 3，用 7 除余 2 的数，且一行只输出 5 个数。

(9) 按要求填空。

```
#include <stdio.h>
int main() {
    int x;
    x=7;
    while(________)
        x+=7;
    printf("%d\n",x);
}
```

完成填空，使程序输出爱因斯坦阶梯问题的解。

爱因斯坦阶梯问题：设有一阶梯，每步跨 2 阶，最后剩 1 阶；每步跨 3 阶，最后剩 2 阶；每步跨 5 阶，最后剩 4 阶；每步跨 6 阶，最后剩 5 阶；每步跨 7 阶，正好到阶梯顶。问满足条件的最少阶梯数是多少？

3. 编程题

(1) 编写一个程序，使用 for 循环输出从 1～100 的所有数字，但对于 3 的倍数输出"Three"，对于 5 的倍数输出"Five"，对于既是 3 的倍数又是 5 的倍数的数输出"Thive"。

(2) 编写一个程序，使用 do-while 循环计算 1～10 的阶乘，并将结果输出。

(3) 编写一个程序，使用 for 循环输出斐波那契数列的前 10 个数字。

(4) 编写一个程序，使用 while 循环不断询问用户输入一个整数 n，然后计算 1～n 的累加和，并输出结果。如果用户输入的数小于或等于 0，则结束程序。

(5) 试计算在区间 1 到 n 的所有整数中，数字 $x(0 \leqslant x \leqslant 9)$ 共出现了多少次？

(6) 编写一个程序解决以下问题：一天一只猴子摘下一堆桃子，吃了一半，觉得不过瘾，又多吃了一个，第 2 天接着吃了前一天剩下的一半，再多吃了一个，以后每天如此，直到第 n 天，只剩下 1 个桃子，问猴子一共摘了多少桃子？

(7) 利用泰勒公式求 sin(x)的近似解，精度误差在 1e－6 之内。

sin(x)＝x－x3/3！＋x5/5！－x7/7！＋…(－1)nx(2n＋1)/(2n＋1)！＋…

(8) 有1、2、3、4个数字，能组成多少个互不相同且无重复数字的三位数？分别是什么？

(9) 一个整数，它加上1后是一个完全平方数，再加上1200又是一个完全平方数，请问该数是什么？

(10) “水仙花数”是指一个三位数，其各位数字立方和等于该数，找到第3小的水仙花数。

(11) 找到2000年1月1日起第一个月、日、星期的数字都相等的日期。

(12) 找到大于1e18的第一个素数。

第7章

函　数

7.1 概　述

函数是由一系列语句组合而成的代码模块，提供特定功能的实现。函数是程序模块化的基础，通过函数可以将复杂的系统划分为多个模块，便于系统设计人员从宏观上掌握系统构成，而不必过于关注功能细节，有利于进行大规模软件开发。

在实际程序设计中可能存在大量的相同或者相似的代码，这些代码通过抽象和重构可以提升为函数。设计良好的函数往往是一个适用广泛的独立功能模块，可以在不同系统、不同模块中被多次调用，因此，使用函数不仅可以降低代码冗余、易于系统维护和升级，而且有利于加快系统的开发。

7.1.1 函数的定义形式

函数由返回类型、函数名、形参列表、函数主体等元素构成，具体的定义形式如下：

```
返回类型 函数名(形参列表){
    函数体
}
```

说明：

(1) 返回类型：函数的返回类型可以是任意数据类型，也可以没有返回类型。返回类型指定了函数体中 return 语句所返回数据的类型，如果函数不需要返回数据，则返回类型为 void。

(2) 函数名：函数是一个有名字的代码模块，该模块通过函数名进行标识，在程序设计时通过函数名进行调用。函数名的命名规则与变量的命名规则相同。

(3) 参数列表：函数是独立于数据的逻辑实现，但在调用时需要结合数据进行运算，具体结合的方式是通过函数的参数列表进行传递的。参数列表中的参数称为形式参数(简称形参)，而在调用时传入的参数叫作实际参数(简称实参)。

(4) 函数主体：实现函数逻辑的语句块。

7.1.2 函数的调用与声明

1. 函数的调用

语法:

```
函数名(实参列表);
```

实参列表是指函数调用时提供的符合函数参数列表要求的数据,可以是变量、常量、表达式、函数等。实参列表里多个实参之间用逗号来隔开,当所定义的函数没有形参列表时,则不用传入实参。

例 7.1 求两个整数的较大值。

```
#include <stdio.h>
#include <stdlib.h>

//求较大值,形参为 x 和 y,都为 int 类型
//返回 x、y 中较大者,类型为 int
int max(int x, int y){
    return x > y ? x : y;
}

int main(){
    int mv = max(5,3);        //函数调用,传入实参 5 和 3
    printf("the max is : %d\n", mv);
    return 0;
}
```

2. 函数的声明

函数的调用可以发生在函数定义之后,编译器能够进行正确的识别;函数的调用还可以发生在函数定义之前,由于在函数调用之前没有关于函数的定义,所以编译器无法进行正确解析,需要使用函数的声明告知编译器函数的定义在函数调用之后。

函数声明语法:

```
返回类型 函数名(形参列表);
```

将例 7.1 改为如下使用函数声明的形式:

```
#include <stdio.h>
#include <stdlib.h>

int main(){
    int max(int,int);         //函数声明,函数的调用在定义之前
    int mv = max(5,3);        //函数调用,传入实参 5 和 3
    printf("the max is : %d\n", mv);
    return 0;
}
```

```
//求较大值,形参为 x 和 y,都为 int 类型
//返回 x、y 中较大者,类型为 int
int max(int x, int y){
    return x > y ? x : y;
}
```

在函数声明中可以不指定形参的名字,只需要指定形参的类型即可。

7.1.3　函数的返回

函数的返回值是函数的运算结果,该结果通过 return 语句返回。

return 语句的一般形式为:

```
return 表达式;
```

或者

```
return (表达式);
```

说明:

(1) 没有返回值的函数为空类型,用 void 表示。

(2) return 语句可以有多个,可以出现在函数体的任意位置。当 return 语句被执行后,函数将程序的执行权交还给了调用者,此时,函数体中的其他语句将不会被继续执行。

(3) return 后面可以跟一个类型与返回类型相同的数据,这个数据可以被调用者使用;return 后面也可以不跟任何数据,表示没有数据返回,仅仅用来结束函数。

7.1.4　函数的参数

函数的参数

函数的形参列表,可以是变量、常量、表达式、函数等,在函数调用时传入的数据称为实参。形参与定义在函数体内的局部变量相同,只能在函数内部使用,当函数调用结束时,形参也随之销毁。

函数在调用时,根据所传入的是参数的值或者参数的地址将函数调用分为传值调用和传址调用,两者在对实参的影响上具有不同的效果。

(1) 传值调用:将实参的值复制到函数的形参,因此修改函数内形参的值并不会影响实参的值。

(2) 传址调用:将实参的地址传递给函数的形参,此时形参指向实参,因此,在函数调用的过程中修改形参的值会影响到实参。传址调用将会在第 9 章进行介绍。

例 7.2　交换两个整数。

编写函数 int swap(int x, int y)实现参数 x、y 的交换,代码如下:

```
#include <stdio.h>
#include <stdlib.h>

void swap(int x, int y){
    printf("in swap\nbefore swap:x = %d, y = %d\n",x, y);
```

```
    int t = x;
    x = y;
    y = t;
    printf("in swap\nafter swap:x = %d, y = %d\n",x, y);
}

int main(){
    int a = 5, b = 6;
    printf("in main\nbefore swap:a = %d, b = %d\n",a,b);
    swap(a,b);
    printf("in main\nafter swap:a = %d, b = %d\n",a,b);
    return 0;
}
```

运行结果：

```
in main
before swap:a = 5, b = 6
in swap
before swap:x = 5, y = 6
in swap
after swap:x = 6, y = 5
in main
after swap:a = 5, b = 6
```

从运行结果可知,两个整数在函数 swap()中完成了交换,因示例代码使用的是传值调用,所以在主函数中并没有进行交换,具体解释如图 7.1 所示。

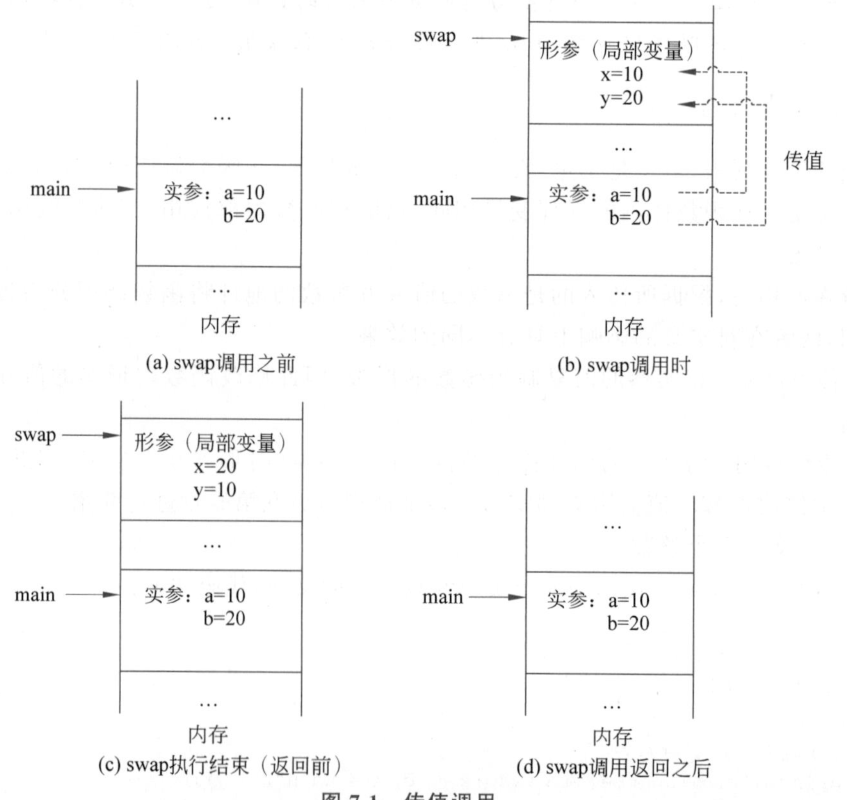

图 7.1 传值调用

过程解释：

(1) 在 main()函数执行至 swap()函数调用之前，内存中存在两个变量 a、b，其值分别为 10、20，如图 7.1(a)所示。

(2) 在调用 swap()函数时，系统为 swap()函数开辟地址空间，在该空间中有局部变量 x、y，即 swap 的两个形参。然后将 a、b 作为实参与 swap 的形参 x、y 进行结合，以传值调用的方式进行函数调用，如图 7.1(b)所示。

(3) 当调用 swap 时，swap 拥有程序执行权，main()函数等待 swap 执行结束。在 swap 中将形参 x、y 进行了交换，如图 7.1(c)所示。

(4) 当 swap 结束后将程序执行权移交给 main()函数，swap 的内存空间随即回收，变量 x、y 被销毁，内存状态回到 swap 调用之前，如图 7.1(d)所示。

从图 7.1 所示过程可知，在传值调用过程中，通过修改形参的值无法改变实参的内容。

7.2　函数的嵌套调用

在 C 语言中，函数的定义是独立的，即在一个函数中不能定义另一个函数，但在调用函数时可以在一个函数中调用另一个函数，即函数的嵌套调用。

例 7.3　输出 100～1000 的所有素数。

分析：判断一个整数 n 是否为素数是一个独立的功能，应该作为函数独立存在，为此，编写函数 is_prime(int n)用于测试一个整数 n 是否为素数，返回 0/1 表示不是/是素数。从 101 开始测试每个奇数(大于 2 的偶数必然不是素数)是否为素数。

代码如下：

```
#include <stdio.h>
#include <stdlib.h>
#include <math.h>

int is_prime(int n){
    int isPrime = 1;
    for(int i =2; i <= sqrt(n); i ++){
        if(n % i == 0){
            isPrime = 0;
            break;
        }
    }
    return isPrime;
}

int main(){
    for(int i = 101; i < 1000; i +=2){
        if(is_prime(i)){
            printf("%d ",i);
        }
    }
    return 0;
}
```

在代码中存在图 7.2 所示的函数嵌套调用关系。

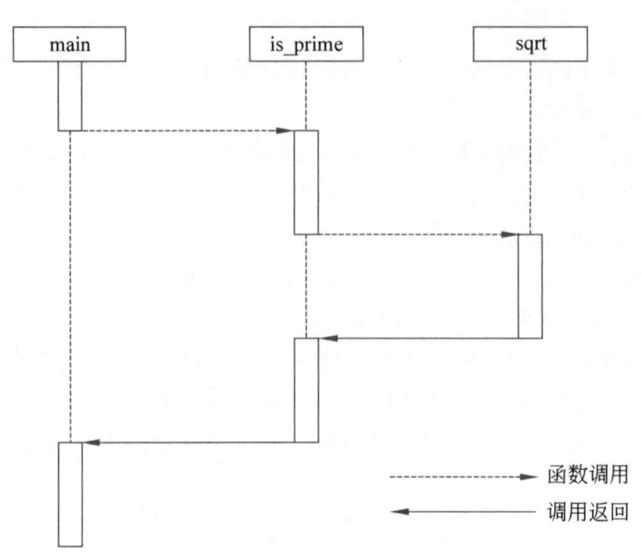

图 7.2 函数嵌套调用示例

7.3 递归函数

函数对自身进行直接或间接调用称为递归,递归的核心是把一个规模较大的问题转变为规模较小的问题来求解。

递归的使用条件:

(1) 当一个问题可以通过转换,变成一个规模更小的问题,原问题与转化后的规模更小的问题是同一个问题,此时,可以考虑使用递归进行求解。

(2) 在问题转化过程中不能无限制转化,必须有递归终结的条件,即当转化为一个规模足够小的问题时,该问题可以直接求解。

优点:使问题求解的思路更加清晰,代码更精简,可读性更高。

缺点:递归在调用的过程中需要使用系统栈来存储计算场景,包括变量、指针等内存的状态,因此内存开销较大,效率也往往更低。

例 7.4 阶乘的定义如下:

$$n! = \begin{cases} 1 & n = 0 \\ n \times (n-1)! & n > 0 \end{cases}$$

用递归程序求解 n 的阶乘。

根据阶乘的定义可知,一个规模为 n 的阶乘可以转化为一个规模为 $n-1$ 的阶乘进行求解,因此,可以使用递归。

完整代码如下:

```
#include <stdio.h>
#include <stdlib.h>

int fac(int n){
    if(n == 0) return 1;
```

```
    return n * fac(n - 1);        //递归调用
}

int main(){
    printf("%d!=%d\n",5,fac(5));
    return 0;
}
```

从代码可知，递归主要分为如下两个阶段：

(1) 递归扩展：当 $n>0$ 时，函数通过调用自己进行扩展，当前的内存情况将会被存入栈中，等待递归返回后恢复计算场景，继续后续运算。

(2) 递归返回：在递归扩展的过程中，每发生一次调用，参数相应减 1，最终会变为 0。而 0 的阶乘是递归扩展的终点，返回 1。然后，按照递归扩展相反的顺序逐步返回，直到求解 n 的阶乘。

详细的递归执行过程如图 7.3 所示。

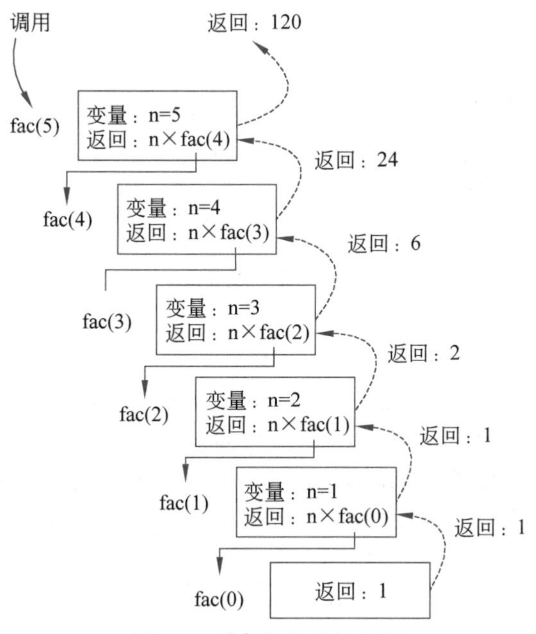

图 7.3　递归函数执行过程

例 7.5　用递归求一个非 0 整数的位数。

问题分析：求解整数的位数可以使用循环进行求解，如果设计递归函数进行求解，则需要考虑如何将问题转化为子问题。

如果一个 k 位的整数可以表示为 $n=d_1d_2\cdots d_k$，则存在如下转化关系：

$$\mathrm{length}(d_1d_2\cdots d_k)=\begin{cases}0 & n=0\\ \mathrm{length}(d_1d_2\cdots d_{k-1})+1 & n>0\end{cases}$$

问题的关键是将整数的长度变短形成一个更小问题的求解，即完成 $d_1d_2\cdots d_k\Rightarrow d_1d_2\cdots d_{k-1}$ 转化，显然，这个转化只需要将整数右移一位即可。

完整代码如下:

```
#include <stdio.h>
#include <stdlib.h>

int length(int n){
    if(n == 0) return 0;
    n /= 10;                        //右移一位,将问题规模变小
    return length(n) + 1;           //递归调用
}

int main(){
    int n;
    printf("input an integer not equals 0:\n");
    scanf("%d",&n);
    printf("the length of %d is %d\n",n,length(n));
    return 0;
}
```

运行结果:

```
input an integer not equals 0:
123456
the length of 123456 is 6
```

例 7.6 给定如下函数,用二分法递归求解函数的零点。

$$f(x)=x^3-e^{-x}$$

函数的零点保留小数点后三位数。

由分析可知,函数在区间[0,1]中是单调递增的,且 $f(0)<0$、$f(1)>0$,因此,问题存在唯一零点,可以用二分法求解。

具体过程:

(1) 置 left=0、right=1,原问题在[left,right]的范围内求根。

(2) 计算区间中点 mid=(left+right)/2,如果 $f(\text{left})f(\text{mid})>0$,说明 $f(\text{left})$与$f(\text{mid})$同号,则根的搜索范围可以缩减为[mid,right],该区间比原问题区间更小;否则,说明 $f(\text{left})$与 $f(\text{mid})$不同号,则根的搜索范围可以缩减为[left,mid],该区间同样比原问题区间更小。

(3) 如果 $f(\text{left})f(\text{mid})>0$,置 left=mid;否则,置 right=mid,将根的搜索引导到一个更小的区间进行搜索,在更小的区间搜索根的逻辑与在原问题区间中搜索根的逻辑相同,因此可以使用递归进行求解。

完整代码如下:

```
#include <stdio.h>
#include <stdlib.h>
#include <math.h>

double f(double x){
    return  x * x * x - exp(-x);
}

//递归求解方程的根
double root(double left, double right){
```

```
    double mid = (left + right) / 2;
    if(fabs(left - right) < 1e-6){          //递归出口,当区间的范围足够小时递归返回
        return mid;                          //mid即为方程的根
    }
    if(f(left) * f(mid) > 0){               //缩减搜索区间
        left = mid;
    }else{
        right = mid;
    }
    return root(left, right);               //递归,在更小的区间上搜索
}

int main(){
    double r = root(0,1);                   //递归函数调用
    printf("root = %0.3f\n",r);
    return 0;
}
```

例 7.7　汉诺塔问题。

汉诺塔(Hanoi Tower),又称河内塔,源于印度一个古老传说。大梵天创造世界的时候做了三根金刚石柱子,在一根柱子上从下往上按照大小顺序摞着64片黄金圆盘。大梵天命令婆罗门把圆盘从下面开始按大小顺序重新摆放另一根柱子。并且规定在任何时候小圆盘上都不能放大圆盘,且在三根柱子之间一次只能移动一个圆盘。问应该如何操作?

汉诺塔问题是一个经典的递归求解问题,其求解思路如下:

将n个圆盘看作两个圆盘,上部的n−1个圆盘视为1个圆盘。要将这两个圆盘从a柱移到c柱,需要先将n−1个圆盘经c柱的辅助移动到b柱上,然后将最下面的圆盘移动到c柱上,最后将n−1个圆盘经a柱的辅助移动到c柱上,如图7.4(a)所示;而将n−1个圆盘移动到b需要将n−2个圆盘移动到c柱,然后将第n−1个圆盘移动到b柱,如图7.4(b)所示。显然,图7.4(b)与图7.4(a)描述的是同一个问题,只是问题的规模变小了1个圆盘,因此,适用于递归求解。

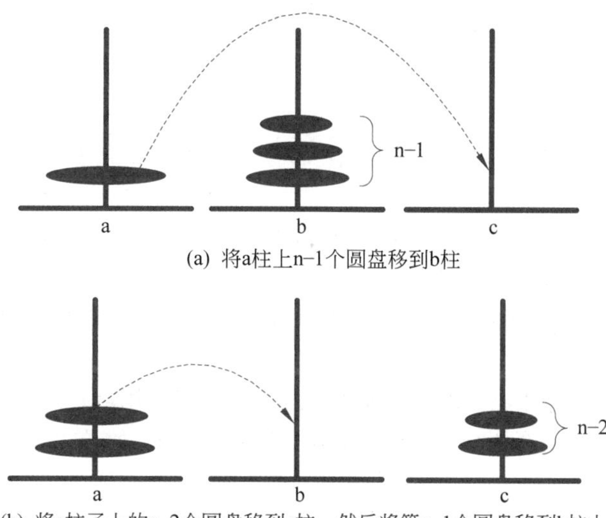

图 7.4　汉诺塔问题递归求解思路

递归出口：在递归的过程中，问题的规模逐步变小。当问题的规模变为1时，直接将a柱上的圆盘移动到c柱上，此时，递归返回。

完整代码如下：

```
#include <stdio.h>
#include <stdlib.h>

void hannoi(char a, char b, char c, int n){
    if(n == 1){
        printf("%c -> %c\n", a, c);
        return;
    }
    hannoi(a,c,b,n - 1);
    printf("%c -> %c\n",a,c);
    hannoi(b,a,c,n - 1);
}

int main(){
    int n;
    scanf("%d",&n);
    hannoi('a','b','c',n);
    return 0;
}
```

以n=3为例，程序运行结果：

```
3
a -> c
a -> b
c -> b
a -> c
b -> a
b -> c
a -> c
```

7.4 局部变量与全局变量

变量定义的位置将导致该变量的作用范围不同，称为作用域。根据变量作用域的不同可以将变量分为全局变量和局部变量。

全局变量：在所有函数体外部定义的变量称为全局变量，其作用域是从定义变量的位置开始到本源文件结束。

局部变量：在函数内部定义的变量称为局部变量，其作用域仅限于函数体内部，在函数外部无效。如果定义在复合语句中，则只在复合语句内部有效，在复合语句外部无效。

7.4.1 局部变量

例7.8 局部变量示例。

```
#include <stdio.h>
#include <stdlib.h>

int max(int x, int y){
    return x > y ? x : y;
}

int main(){
    int a,b;
    scanf("%d,%d",&a,&b);
    printf("%d,%d",a,b);
    return 0;
}
```

代码中变量 a、b 在 main()函数中定义，只能在 main()函数中访问，如果在 main()函数之外访问则无效。x、y 是 max()函数中的参数，只能在 max()函数中使用，max()函数之外不能访问。

7.4.2　全局变量

例 7.9　全局变量示例。

```
#include <stdio.h>
#include <stdlib.h>

int max = 10;

void max(int x, int y){
    max = x > y ? x : y;
}

int main(){
    int a,b;
    scanf("%d,%d",&a,&b);
    printf("%d,%d\n",a,b);
    printf("max=%d\n",max);
    return 0;
}
```

max 声明在函数之外，是全局变量，在 max 变量定义之后的函数中都可以使用，但之前的函数不能使用。

7.5　变量的存储类型和生命周期

变量的存储类型和生命周期

7.5.1　变量的存储类型

变量的存储方式可分为静态存储和动态存储两种，其中静态存储变量中变量的值保持不变，直到程序结束，而动态存储变量是在使用时才分配内存单元，使用完毕后立即释放。

在C语言中,存储类型有4种,如表7.1所示。

表7.1 存储类型

存储类型	说　明	存储类型	说　明
auto	自动变量(动态存储)	extern	外部变量(静态存储)
register	寄存器变量(动态存储)	static	静态变量(静态存储)

说明:

(1) 存储类型是指变量占用内存空间的方式,也称为存储方式。

(2) 在定义变量时,只能使用这4种类型中的一种存储类型进行修饰。

(3) 静态存储变量一直存在,动态存储变量在使用时才分配存储空间。

(4) 变量的存储方式不能仅从变量作用域来判断,还应有明确的存储类型说明。

因此,变量说明的完整形式为:

```
[存储类型说明符] 数据类型 变量1,…,变量n;
```

7.5.2 变量的生命周期

变量的生命周期是指变量从创建到销毁之间的时间段,只有在生命期内该变量才能被访问。有的变量的生命周期是函数运行期间,当函数结束变量就被销毁;有的变量的生命周期是程序运行期间,当程序结束时才会销毁。

不同变量的生命周期:

(1) 全局变量:进程开始时创建,进程结束时销毁。

(2) 局部变量和参数变量:函数被调用时创建,函数返回时销毁。

(3) 全局静态变量:由static关键字修饰的全局变量,其生命周期和全局变量一样,但是作用域被限制在定义文件内,无法使用extern在其他源文件中共享。

(4) 静态局部变量:在函数内使用static关键字修饰的变量,生命周期同全局变量一样,但作用域被限制在函数内。

(5) 寄存器变量:在大多数编译器中寄存器变量和普通变量没区别。

例7.10 静态局部变量使用。

```
#include <stdio.h>
#include <stdlib.h>

void test_static(int times){
    static int i = 0;
    i ++;
    if(times == 1){
        printf("the first access:i=%d\n",i);
    }else if(times == 2){
        printf("the second access:i=%d\n",i);
    }else if(times == 3){
        printf("the third access:i=%d\n",i);
```

```
    }else{
        printf("the %d-th access:i=%d\n",times,i);
    }
}

int main(){
    for(int i = 0; i < 10; i ++){
        test_static(i + 1);
    }
    return 0;
}
```

执行结果：

```
the first access:i=1
the second access:i=2
the third access:i=3
the 4-th access:i=4
the 5-th access:i=5
the 6-th access:i=6
the 7-th access:i=7
the 8-th access:i=8
the 9-th access:i=9
the 10-th access:i=10
```

从代码可知，static 修饰的静态变量一直存在，并不会因为函数的结束而释放，所以静态变量的值得到保持。

例 7.11　外部变量使用。

```
#include <stdio.h>
#include <stdlib.h>

extern int a,b;        //声明为外部变量,在全局变量定义之前的函数也可以访问

void test_extern(){
    printf("in test_extern():\na=%d,b=%d\n",a,b);
}

int a = 10, b = 20;    //定义全部变量

int main(){
    printf("in main():\na=%d,b=%d\n",a,b);
    test_extern();
    return 0;
}
```

执行结果：

```
in main():
a=10,b=20
```

```
in test_extern():
a=10,b=20
```

从以上两个示例可以看出：局部变量改变为静态变量后，其生命周期发生了改变；全局变量通过 extern 声明，其作用域得到了扩大。

注意：

① 若全局变量仅在单个源文件中访问，则应限制该全局变量的作用域为本文件，可以将这个变量使用 static 进行修饰，降低源文件之间的耦合度。

② 若全局变量仅由单个函数访问，可以将其声明为静态局部变量，使得变量的作用域为该函数，降低模块之间的耦合度。

③ 在可重入函数中避免使用 static 变量。

7.6 预处理命令

预处理是指在进行编译的第一遍扫描之前所做的工作，可放在程序中的任何位置，由预处理程序负责完成。当对一个源文件进行编译时，系统将自动使用预处理程序对源程序进行处理，然后对源程序进行编译。

C 语言提供多种预处理功能，主要处理#开始的预编译指令，如宏定义(#define)、文件包含(#include)、条件编译(#ifdef)等。预处理功能能够根据程序运行的环境和状态对程序进行不同的编译，便于跟踪、调试和移植，也有利于模块化程序设计。

7.6.1 宏定义

C 语言源程序中允许用一个标识符来表示一个字符串，称为宏。在编译预处理时，对程序中所有出现的宏名都按定义进行简单的文本替换，称为宏展开。

在 C 语言中，宏定义分为有参数和无参数两种。

1. 无参宏定义

宏名后不带参数，其定义的一般形式为：

```
#define 标识符 字符串
```

如在程序中定义圆周率提高程序的可读性和可维护性：

```
#define PI 3.1415926
```

2. 带参宏定义

对带参数的宏，在调用中不仅要宏展开，而且要用实参去代换形参。

带参宏定义的一般形式为：

```
#define 宏名(形参表) 字符串
```

定义如下的宏并调用：

```
#define AREA(r) PI * r * r          //宏定义
area = AREA(2);                     //宏调用
```

在宏调用时，用实参 2 去代替形参 r，经预处理宏展开后的语句为 area＝PI * 2 * 2。因为宏仅进行文本替换，当用表达式作为参数时可能存在解析错误。

如按如下方法进行宏的调用：

```
area = AREA(5+3)
```

则代码会被解析为 area＝PI * 5＋3 * 5＋3，显然，这是错误的解析。为了避免出现这种情况，可以通过添加圆括号来改进宏：

```
#define AREA(r) PI * (r) * (r)
```

再次用表达式作为参数调用宏：area＝AREA(5＋3)，则被正确解析为：area＝PI *（5＋3）*（5＋3）。

7.6.2　条件编译

通常源程序中所有的行都参加编译，但有时希望部分代码在满足一定条件时才进行编译，这就是条件编译。条件编译功能可按不同的条件去编译不同的程序部分，从而产生不同的目标代码文件，这对于程序的移植和调试都是很有用的。

条件编译有如下 3 种指令。

1. ＃ifdef 指令

```
#ifdef 标识符
    程序段 1
#else
    程序段 2
#endif
```

注意：当标识符已被定义，则编译程序段 1，否则编译程序段 2。

例 7.12　调试时输出程序执行日志。

```
#include <stdio.h>
#include <stdlib.h>
#define DEBUG 1                          //定义标识符,用于标识程序是否处于调试状态

int max(int x, int y){
    return x > y ? x : y;
}

int main(){
    #ifdef DEBUG                         //如果处于调试状态,这段代码将参与编译,
    printf("DEBUGGING…\n");             //输出调试信息
    #endif
    int x,y;
```

```
    #ifdef DEBUG
    printf("Scanf Invoked…\n");
    #endif
    scanf("%d,%d",&x,&y);
    #ifdef DEBUG
    printf("max() is called\n");
    #endif
    int max_val = max(x,y);
    #ifdef DEBUG
    printf("Output\n");
    #endif
    printf("max = %d\n",max_val);
    #ifdef DEBUG
    printf("END DEBUGGING…\n");
    #endif
    return 0;
}
```

运行结果：

```
DEBUGGING…
Scanf Invoked…
3,5
max() is called
Output
max = 5
END DEBUGGING…
```

当取消 DEBUG 的定义，再次运行，则不输出调试信息：

```
3,5
max = 5
```

显然，利用宏可以定义程序的不同运行状态，并根据状态需要编译不同的代码。

2. ＃ifndef 指令

```
#ifndef  标识符
    程序段 1
#else
    程序段 2
#endif
```

当标识符没有被定义，则对程序段 1 进行编译，否则对程序段 2 进行编译。

3. ＃if 形式

```
#if 常量表达式
    程序段 1
#else
    程序段 2
#endif
```

如果常量表达式的值为真(非 0),则对程序段 1 进行编译,否则对程序段 2 进行编译。

7.6.3　文件包含

文件包含命令行的一般形式为:

```
#include "文件名"
```

通常,该文件是后缀名为.h 的头文件。文件包含命令把指定头文件插入该命令行位置取代该命令行,从而把指定的文件和当前的源程序文件连成一个源文件。

注意:包含命令中的文件名可用双引号括起来,也可用角括号括起来。其区别是:使用角括号表示在包含文件目录中去查找,而不在当前源文件目录;使用双引号则表示首先在当前源文件目录中查找,若未找到才到包含目录中去查找。

例 7.13　文件包含示例。

对于使用频率较高的函数,如 int max(int,int)、int is_prime(int),它们的功能是独立的,与具体问题无关,而且可以为任意程序所调用,因此考虑将这些函数放入一个独立的头文件 util.h 中,在需要使用这两个函数时引入头文件 util.h 即可。类似使用 printf()函数需要包含 stdio.h 头文件,可以减少代码的冗余。

1. 编写 util.h 头文件

```
#ifndef UTIL_H_INCLUDED
#define UTIL_H_INCLUDED
#include <math.h>

int max(int x, int y){
    return x > y ? x : y;
}

int is_prime(int n){
    for(int i = 2; i <= sqrt(n); i ++){
        if(n % i == 0){
            return 0;
        }
    }
    return 1;
}
#endif //UTIL_H_INCLUDED
```

2. 包含 util.h 来调用其中的函数

```
#include <stdio.h>
#include <stdlib.h>
#include "util.h"

int main(){
    int x = 10, y = 20;
    int z = max(x,y);
```

```
    printf("max=%d\n",z);
    if(is_prime(y)){
        printf("%d is prime\n",y);
    }else{
        printf("%d is not prime\n",y);
    }
    return 0;
}
```

运行结果：

```
max=20
20 is not prime
```

7.7 能力拓展

7.7.1 求1000以内数位之和为k的素数

该问题主要实现如下两个功能：

(1) 对于给定的整数n,求组成n的所有数字之和。

(2) 判断整数n是否为素数。

因此,可以设计如下两个函数分别完成以上功能：

(1) int digits_sum(int n)：该函数对于传入的参数n进行按位分解,并求每位数字之和,最后将数字之和返回给调用者。

(2) int is_prime(int n)：该函数用于判断参数n是否为素数,并返回0/1,其中0表示不是素数,1表示是素数。

具体代码如下：

```
#include <stdio.h>
#include <stdlib.h>
#include <math.h>

//递归函数
//参数：整数 n
//返回值：n 的所有位上数字之和
int digits_sum(int n){
    if(n == 0) return 0;
    return n % 10 + digits_sum(n / 10);
}

//判断参数 n 是否为素数
//参数：整数 n
//返回值：0/1,0 表示不是素数,1 表示是素数
int is_prime(int n){
    int result = 1;
```

```
    for(int i = 2; i <= sqrt(n); i ++){
        if(n % i == 0){
            result = 0;
            break;
        }
    }
    return result;
}

int main(){
    int k;
    scanf("%d",&k);
    for(int i = 2;i <= 1000; i ++){
        if(digits_sum(i) == k && is_prime(i)){
            printf("%d ",i);
        }
    }
    return 0;
}
```

运行结果：

```
20
389 479 569 587 659 677 839 857 929 947 983
```

7.7.2　数字加密解密

输入一个长度不超过 10 位的整数 n，对 n 的二进制按每 4 位分组，将分组得到的整数使用如下加密函数进行加密：

$$f(x) = -x^2 + 32x$$

输出明文数字 n 的密文，并对密文进行解密。

分析：

(1) 将整数的二进制按 4 位编码，则编码结果用十进制表示为 0～15。

(2) 加密函数曲线如图 7.5 所示。

该二次函数的对称轴是 $x=16$，因此，对于 0～15的输入是单调的，明文和密码具有一一对应的关系。对于密文 y，存在两个解与之对应，取 $x=16$ 左侧的那个解即可完成解码。

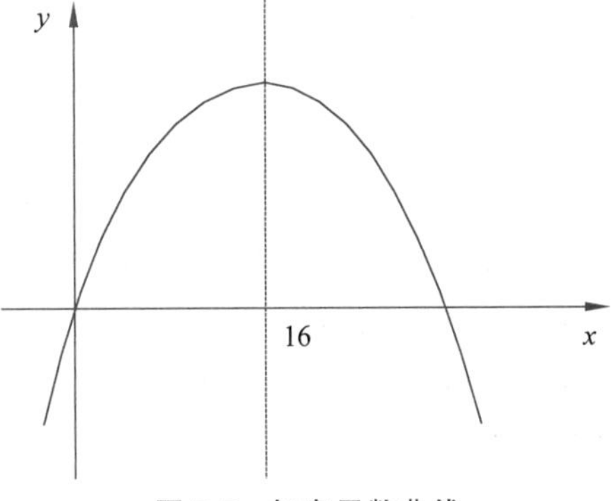

图 7.5　加密函数曲线

(3) 该函数的顶点为(16,256)，因为输入最多为 15，所以，y 的最大值为 255，正好是一字节(二进制 8 位)表示的最大值。所以，将一个 4b 表示的整数输入加密之后，用一字节可以存储。

(4) 一个整数 n(以 4 字节表示整数为例)有 32b，为了检测最高位是否为 1，需要一个掩码 mask,该 mask 是整型,且在最高位为 1,其他位全为 0。通过逐次利用掩码测试最高位、最高位左移的方式,连续截取 4b 形成一个整数 g(0~15)。g 为输入明文,通过加密函数进行加密,得到一个 8b 的整数。

(5) 执行(4) 8 次可以得到 8 个密文,长度为 64b。将这 64b 形成一个 long long 类型的整数,这个整数即为密文 cypher。

(6) 解密时,从 cypher 中截取高 8b 为一个整数,该整数通过求解方程的根得到明文。左移 8 位,继续截取下一个高 8b 的整数并解密,直到 64b 解码完毕。将 8 个 4b 的明文整数拼接得到代表明文的整数,完成解密。

问题求解过程如图 7.6 所示。

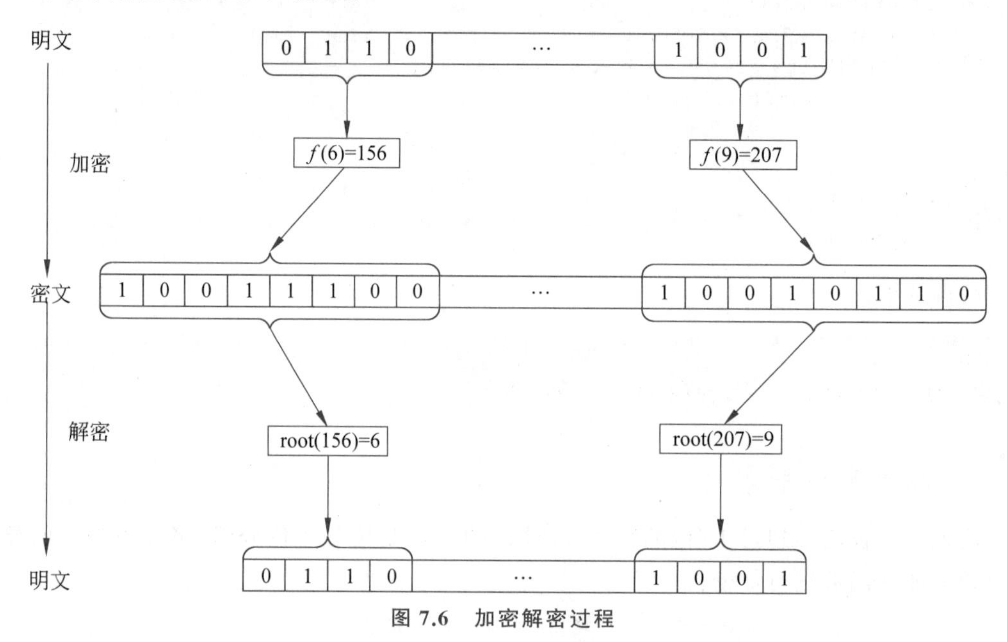

图 7.6 加密解密过程

函数设计:

(1) 加密函数 int f(int x):传入整数 x($0 \leqslant x \leqslant 15$),返回加密函数加密之后的密码($0 \leqslant y \leqslant 255$)。

(2) 解密函数 int root(int y):传入密码 y,通过二次方程求解方法得到明文 x。

(3) int cnt_bits(int n):计算整数位数。

(4) int gen_mask_for_int():产生测试整数最高位掩码。

(5) long long gen_mask_for_ll():产生测试 long long 类型最高位掩码。

(6) long long store(int n, long long m, int bits):将整数 n 存储于 long long 型整数 m 中,n 在 m 中占 bits 位。

(7) int group(int n, int bits):将整数 n 以 bits 位进行分组,得到一个整数。

(8) long long encrypt(int n):对整数 n 进行加密,得到一个 long long 型的整数密文。

(9) int decrypt(long long cypher):对 long long 型的密文进行解码,得到明文。

完整代码如下:

```
#include <stdio.h>
#include <stdlib.h>
#include <math.h>

//加密函数,输入 0~15 的明文 x,得到 0~255 的密文 y
int f(int x){
    return - x * x + 32 * x;
}

//解密函数,将输入的整数进行二次方程求根,得到的整数即为明文
int root(int y){
    int delta = sqrt(32 * 32 - 4 * y);
    return 16 - delta/2;
}

//计数整数 n 的位数
int cnt_bits(int n){
    int len = 0;
    while(n > 0){
        len ++;
        n >>= 1;
    }
    return len;
}

//产生掩码,用于测试整数最高位是 0 还是 1
//以 32 位为例,掩码为 0x80000000
//不同系统的位数可能不相同,该方法使得程序能够自适应系统
int gen_mask_for_int(){
    int len = sizeof(int);
    int mask = 1;
    for(int i = 1; i < len * 8; i ++){
        mask <<= 1;
    }
    return mask;
}

//为 long long 类型产生掩码
long long gen_mask_for_ll(){
    int len = sizeof(long long);
    long long mask = 1;
    for(int i = 1; i < len * 8; i ++){
        mask <<= 1;
    }
    return mask;
}

//将整数 n 存储于 long long 型整数 m 中,n 在 m 中占 bits 位
long long store(int n, long long m, int bits){
int bl = cnt_bits(n);
```

```
    int mask = gen_mask_for_int(), highbit;
    m <<= bits - bl;
    n <<= sizeof(n) * 8 - bl;
    for(int i = 0; i < bl; i ++){
        m <<= 1;
        if(n & mask){
            highbit = 1;
        }else{
            highbit = 0;
        }
        m += highbit;
        n <<= 1;
    }
    return m;
}

//将整数 n 以 bits 位进行分组,得到一个整数
int group(int n, int bits){
    int seg = 0;
    int mask = gen_mask_for_int();
    int highbit;
    for(int i = 0; i < bits; i ++){
        if(n & mask){
            highbit = 1;
        }else{
            highbit = 0;
        }
        seg = 2 * seg + highbit;
        n <<= 1;
    }
    return seg;
}

//对整数 n 进行加密,得到一个 long long 型的整数密文
long long encrypt(int n){
    int bits = sizeof(n) * 8;
    long long m = 0;
    for(int i = 0; i < bits; i += 4){
        int g = group(n,4);   //按 4b 进行分组,得到用 4b 表示的整数 g
        n <<= 4;
        int ci = f(g);
        m = store(ci,m,8);
    }
    return m;
}

//对 long long 型的密文进行解码,得到明文
int decrypt(long long cypher){
    long long mask = gen_mask_for_ll();
    int plain = 0;
```

```
    int seg = 0,highbit;
    int bits = sizeof(long long) * 8;
    for(int i = 1; i <= bits; i ++){
        if(mask & cypher){
            highbit = 1;
        }else{
            highbit = 0;
        }
        seg = seg * 2 + highbit;
        cypher <<= 1;
        if(i % 8 == 0){
            int rt = root(seg);         //将密文 8b 片段表示的整数进行解码
            plain = plain * 16 + rt;
            seg = 0;
        }
    }
    return plain;
}

int main(){
    int n;
    printf("input an integer not longer than 10 digits:\n");
    scanf("%d",&n);
    long long cypher = encrypt(n);
    printf("cypher:%lld\n",cypher);
    int plain = decrypt(cypher);
    printf("plain:%d\n",plain);
    return 0;
}
```

运行结果：

```
input an integer not longer than 10 digits:
34786325
cypher:16922845203406727
plain:34786325
```

习　　题

1. 程序阅读题

(1) 阅读程序，输出结果。

```
#include <stdio.h>
int add(int a, int b) {
    return a + b;
}
int main() {
    int result = add(3, 4);
    printf("%d\n", result);
    return 0;
}
```

(2) 阅读程序,输出结果。

```
#include <stdio.h>
int multiply(int x, int y) {
    return x * y;
}
int main() {
    int a = 5;
    int b = 3;
    int result = multiply(a, b);
    printf("%d\n", result);
    return 0;
}
```

(3) 阅读程序,输出结果。

```
#include <stdio.h>
int power(int base, int exp) {
    int result = 1;
    for (int i = 0; i < exp; i++) {
        result *= base;
    }
    return result;
}
int main() {
    int num = power(2, 3);
    printf("%d\n", num);
    return 0;
}
```

(4) 阅读程序,输出结果。

```
#include <stdio.h>
int factorial(int n) {
    if (n <= 1) {
        return 1;
    } else {
        return n * factorial(n - 1);
    }
}
int main() {
    int result = factorial(5);
    printf("%d\n", result);
    return 0;
}
```

(5) 阅读程序,输出结果。

```
#include <stdio.h>
int max(int a, int b) {
```

```
    return (a > b) ? a : b;
}
int main() {
    int num1 = 15;
    int num2 = 27;
    int maximum = max(num1, num2);
    printf("The maximum number is: %d\n", maximum);
    return 0;
}
```

(6) 阅读程序,回答问题。

```
#include <stdio.h>
int gcd(int a, int b) {
    return b ? gcd(b, a % b) : a;
}
int main(){
    int a, b;
    scanf("%d %d", &a, &b);
    cout << gcd(a, b) << endl;
    return;
}
```

① gcd()函数中三目运算符返回的是什么?

② 初始值是否要求 a≥b?

(7) 阅读程序,回答问题。

```
int quick_power(int base, int power, int mod) {
    int ret = 1;
    while (power) {
        if (power & 1) ret = mul(ret, base, mod);
        base = mul(base, base, mod);
        power >>= 1;
    }
    return ret;
}
```

阅读以上代码,思考 quick_power()函数执行了什么功能。

(8) 阅读程序,回答问题。

```
int f(int x){
    return x * x;
}
int two_point(int a, int b, int x, int y) {
    while (a != b) {
        if (f(a) < x) a ++;
        else b --;
    }
    return a;
}
```

阅读以上代码,思考代码能否完成找到一个平方之后在 x 和 y 之间的数。如果不可以,应该如何修改程序?

(9) 阅读程序,回答问题。

```
int f(int x){
    return x * x;
}
int dichotomy (int a, int b, int x, int y) {
    while (a != b) {
        int mid = (a + b + 1) / 2;
        if (f(mid) < x) a = mid;
        else b = mid - 1;
    }
    return a;
}
```

阅读这段代码,思考以下问题:

① 它和第(8)题给出的代码有什么区别?

② a+b+1 处能否改为 a+b?

(10) 阅读程序,回答问题。

```
#include <cstdio>
int a;
void f(int x) {
    x ++;
}
int main() {
    f(a);
    printf("%d", a);
    return 0;
}
```

阅读程序,思考以下问题:

① 程序的输出结果是什么?

② 把 int a 移动到 main()函数里,输出结果会怎么变?

2. 程序填空题

(1) 阅读程序并按要求填空。

```
#include <stdio.h>
int sum(int a, int b) {
    return a + b;
}
int main() {
    int result = sum(________, ________);
    printf("The sum is: %d\n", result);
    return 0;
}
```

填空处应该分别填入什么内容才能使程序输出 "The sum is：12"？

（2）阅读程序并按要求填空。

```
#include <stdio.h>
int multiply(int x, int y) {
    return x * y;
}
int main() {
    int a = 5;
    int b = 3;
    int result = multiply(a, ________);
    printf("The result of multiplication is: %d\n", result);
    return 0;
}
```

填空处应该填入什么内容才能使程序输出 "The result of multiplication is：15"？

（3）阅读程序并按要求填空。

```
#include <stdio.h>
int power(int base, int exp) {
    int result = 1;
    for (int i = 0; i < exp; i++) {
        result *= base;
    }
    return result;
}
int main() {
    int num = power(2, ________);
    printf("The result of power operation is: %d\n", num);
    return 0;
}
```

填空处应该填入什么内容才能使程序输出 "The result of power operation is：64"？

（4）阅读程序并按要求填空。

```
#include <stdio.h>
int factorial(int n) {
    if (n <= 1) {
        return 1;
    } else {
        return n * factorial(________);
    }
}
int main() {
    int result = factorial(5);
    printf("The result of factorial is: %d\n", result);
    return 0;
}
```

应该填入什么内容才可以使程序输出 "The result of factorial is: 120"?

(5) 阅读程序并按要求填空。

```
#include <stdio.h>
int findMax(int a, int b, int c) {
    int max = a;
    if (b > max) {
        max = b;
    }
    if (c > max) {
        max = c;
    }
    return max;
}
int main() {
    int result = findMax(10, _______, 25);
    printf("The maximum number is: %d\n", result);
    return 0;
}
```

填空处的数字满足什么条件才能使程序输出 "The maximum number is: 25"?

(6) 阅读程序并按要求填空。

```
int move(char getone,int n,char putone){
    static int k=1;
    printf("%2d:%3d # %c---%c\n",k,n,getone,putone);
    if(k++%3==0)
        printf("\n");
    return 0;
}
int hanoi(int n,char x,char y,char z){
    if(n==1)
        _______;
    else{
        _______;
        move(x,n,z);
        _______;
    }
    return 0;
}
```

在画线处补充代码,实现汉诺塔的功能。

(7) 阅读程序并按要求填空。

```
#include <cstdio>
int lowbit(int x) {
    _______;
}
int main() {
```

```
    int n;
    scanf("%d", &n);
    while (n--) {
        int x;
        scanf("%d", &x);
        int res = 0;
        while (x) x -= lowbit(x), res++;
        printf("%d", x);
    }
    return 0;
}
```

补充 lowbit()函数，使 res 为 x 中的 1 的个数。

(8) 阅读程序并按要求填空。

```
#include <stdio.h>
void foo() {
    ________;
    count++;
    printf("Count: %d\n", count);
}
int main() {
    foo();
    ________;
    foo();
    return 0;
}
```

填空，使得程序输出结果为：

```
Count: 1
Count: 2
Count: 3
```

(9) 阅读程序并按要求填空。

```
#include <stdio.h>
void foo(int n);
int main() {
    ________;
    foo(x);
    printf("x: %d\n", x);
    return 0;
}
void foo(int n) {
    ________;
    printf("n: %d\n", n);
}
```

填空，使得程序输出结果为：

```
n: 6
x: 5
```

3. 编程题

(1) 编写一个函数 checkPalindrome(),接受一个字符串作为参数,如果这个字符串是回文则返回 1,否则返回 0。在主程序中输入一个字符串,调用该函数判断是否为回文,并输出结果。

(2) 编写一个函数 calculatePower,接受两个整数 a 和 b 作为参数,计算 a 的 b 次方并返回结果。在主程序中输入两个整数,调用该函数并输出结果。

(3) 编写一个函数 calculateGCD,接受两个整数作为参数,计算它们的最大公约数并返回。在主程序中输入两个整数,调用该函数并输出结果。

(4) 编写一个函数 calculateLCM,接受两个整数作为参数,计算它们的最小公倍数并返回。在主程序中输入两个整数,调用该函数并输出结果。

(5) 假设现在有两个自然数 A 和 B,S 是 A^B 的所有约数之和,求 S mod 9999 的值。

(6) 给定一个浮点数 n,求它的三次方根。

(7) 每个正数都可以用指数形式表示,例如 $10=2^3+2^1$,我们用 a(b)来表示 a^b,那么 10 可以表示为 10=2(3)+2(1)。给定一个整数 n,只用 2 和 0 两个数字来表示它。

(8) 输入数字 n,检验 4～n 的偶数是否满足哥德巴赫猜想。若数字 x 满足则将 x 拆成两个素数,输出 x=a+b。(哥德巴赫猜想:任一大于 2 的偶数都可写成两个素数之和。)

(9) 给定两个日期,编写函数计算两个日期相差的天数,要求使用函数实现,一个函数一个功能。

(10) 相同的数相加可以用乘法实现,但是当相加次数过大时(如超过 1e18 次)直接相乘会超过数据范围。编写一个函数,实现求 n 个 a 相加在 mod b 意义下的值。($n\times a>$ 1e18)

第8章

数组与字符串

8.1 概　　述

在求解一些复杂的特别是具有实际应用背景的问题时，通常涉及对批量数据的操作，需要有相应的机制对这些数据进行存储和访问。支持批量数据操作最简单的数据结构是数组，它是一种线性数据结构，由若干物理空间上相邻的存储单元组成，具有存取速度快等优点。

数组主要有一维数组、二维数组、高维数组等，分别具有线性、平面、立体等不同的逻辑模型。

8.2 一维数组的定义与使用

一维数组的定义与使用

8.2.1 一维数组的定义

一维数组的定义方式如下：

```
类型说明符 数组名[常量表达式];
```

例如：

```
int arr[100];
```

该语句可以定义存储100个整数的存储空间，它们在物理上是连续的。

说明：

(1) 数组名的命名要遵从标识符的定义规则。

(2) 数组名不能与其他变量名相同，同一作用域内是唯一的。

(3) 数组名是一个常量，表示数组的起始地址。

(4) 全局数组若不初始化，编译器将其初始化为零。局部数组若不初始化，内容为随机值。

8.2.2 一维数组的初始化

在定义数组的同时进行赋值，称为初始化。

```
//定义一个数组并初始化所有成员变量
int a[10] = { 1, 3, 5, 7, 9,10, 13, 15, 21,23};
//初始化前若干成员,后面所有元素都设置为 0
int a[10] = { 1,2,3,4,5};
//所有的成员都设置为 0
int a[10] = { 0 };
//不提供数组元素数量
int a[] = { 1, 2, 3, 4, 5 };
```

图 8.1 是一个数组的模型。

图 8.1 数组的模型

由图 8.1 可知,数组 a 有 10 个存储单元,这些单元在物理上是连续的。C 语言中数组的脚标是从 0 开始编码的,所以,对于一个有 N 个存储单元的数组,其脚标是 0～N－1。

8.2.3 一维数组元素的使用

给一维数组 a 中第 i 个元素赋值:

```
a[i] = 10;
```

取一维数组 a 中第 i 个元素的值:

```
int b = a[i];
```

例 8.1 求一个班级的平均成绩。

分析:一个班级的平均成绩没有任何规律,所以需要有存储空间存储一个班级的成绩。为了方便存取数据,可以利用数组存储,然后循环累加,最后求均值。

代码如下:

```
#include <stdio.h>
#include <stdlib.h>
#define N 10

int main(){
    //模拟存储一个班级的成绩
    int score[N] = {89,78,65,70,56,88,87,65,68,61};
    int sum = 0;
    for(int i = 0; i < N; i ++){
        sum += score[i];    //score[i]表示第 i 个学生的成绩
    }
    printf("average score is %.2f\n",sum * 1. / N);
    return 0;
}
```

运行结果：

```
average score is 72.70
```

8.3　二维数组的定义与使用

8.3.1　二维数组的定义与初始化

二维数组的定义：

```
类型名 数组名[行表达式][列表达式][=初始化数据];
```

例如：

```
arr[10][10]可以定义一个 10 行 10 列的整型数组
```

二维数组的行标、列标与一维数组相同，都是从 0 开始编码。对于一个 N 行、M 列的二维数组，其行标的取值为 0～N－1，列标的取值为 0～M－1。

例 8.2　定义一个 5 行 5 列的整型二维数组并初始化。

```
int main(){
    int matrix[5][5] = {{1,2,3,4,5},
                        {6,7,8,9,10},
                        {11,12,13,14,15},
                        {16,17,18,19,20},
                        {21,22,23,24,25}
                        };
    return 0;
}
```

在定义二维数组并初始化时，第一维的长度是可以缺省的，但是第二维不可缺省，例如：

```
int a[][4] = { 1,2,3,4,5,6,7,8,9,10,11,12 };      //3 行 4 列的数组
int b[][4] = { {1,2},{3,4},{5,6} };               //3 行 4 列的数组,不足补 0
int c[][4] = { 1,2,3,4,5,6,7,8 };                 //2 行 4 列的数组
```

8.3.2　二维数组在内存中的存储

二维数组的逻辑结构是一个二维表格，例 8.2 中数据存储的逻辑结构如图 8.2 所示。

	0	1	2	3	4
0	1	2	3	4	5
1	6	7	8	9	10
2	11	12	13	14	15
3	16	17	18	19	20
4	21	22	23	24	25

图 8.2　二维数组的逻辑结构

图 8.2 所示的逻辑结构为数据的存取提供了清晰的模型，在使用时仅需提供数组的行标和列标即可访问。由于计算机的内存空间是线性的，并不能直观描述这种二维的逻辑，因此，二维数组的物理存储方式与数据逻辑是不相同的。具体来说，二维数组的物理存

储是将一行看作一个数据,实现按行优先存储,如图 8.3 所示。

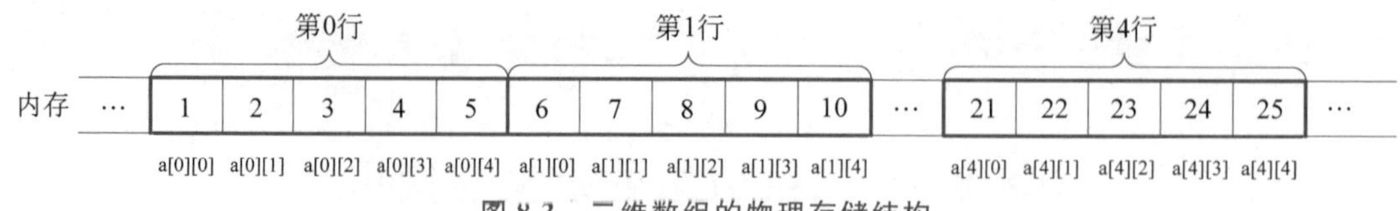

图 8.3 二维数组的物理存储结构

8.3.3 二维数组元素的使用

二维数组中的元素是通过使用下标(数组的行索引和列索引)来访问的,如访问数组 arr 的第 i 行、第 j 列的元素的表达式为 arr[i][j]。

例 8.3 输出一个二维数组。

```
#include <stdio.h>
#include <stdlib.h>
#define ROW 5
#define COL 6

int cnt = 0;
int main(){
    //定义 ROW 行 COL 列的二维数组
    int arr[ROW][COL];
    //赋初值
    for(int i = 0; i < ROW; i ++){
        for(int j = 0; j < COL; j ++){
            arr[i][j] = cnt ++;
        }
    }
    for(int i = 0; i < ROW; i ++){           //输出第 i 行
        for(int j = 0; j < COL; j ++){       //输出第 i 行的每一列
            printf("%d ",arr[i][j]);
        }
        printf("\n");                        //每行输出完毕换行
    }
    return 0;
}
```

运行结果:

```
0 1 2 3 4 5
6 7 8 9 10 11
12 13 14 15 16 17
18 19 20 21 22 23
24 25 26 27 28 29
```

8.4　字符数组与字符串

8.4.1　字符数组

顾名思义，字符数组是用来存储字符的数组，字符数组中的一个单元存储一个字符，具体规则与普通数组相同，区别在于存储的对象为字符。

例 8.4　定义一个字符数组并赋值。

```
#include <stdio.h>
#include <stdlib.h>

int main(){
    char chs[10];                          //定义长度为 10 的字符数组
    char arr[20] = {'h','e','l','l','o',' ','w','o','r','l','d'};
                                           //定义一个字符数组并初始化
    //为字符数组赋值
    for(int i = 0; i < 10; i ++){
        chs[i] = 'a' + i;
    }
    //访问数组元素
    for(int i = 0; i < 20; i ++){
        printf("%c",arr[i]);
    }
    return 0;
}
```

8.4.2　字符串表示

字符串表示

一个字符数组常用于表示一个信息，如名字、地址等，但字符数组在操作时没有将一个字符序列当作一个整体，导致操作并不方便。为此，C 语言提供了字符串的表示方法，形成了一种新的数据类型，其操作都定义在 string.h 头文件中。

用字符序列表示一个信息最关键的是能够确定一个字符序列所表示信息的终结，字符串在字符序列的结尾处用特殊标志'\0'表示，当碰到结尾标志，说明该字符序列表示的信息已经结束，如图 8.4 所示。

'h'	'e'	'l'	'l'	'o'	' '	'w'	'o'	'r'	'l'	'd'	'\0'	'r'
0	1	2	3	4	5	6	7	8	9	10	11	12

图 8.4　字符串存储方式

在图 8.4 中，从下标 0 开始向右扫描，直到碰到'\0'标志结束，此范围内的字符序列组成一个字符串，其信息为：hello world，该字符串的长度为 11。'\0'位置之后的字符是无效的，不计入字符串所表达的内容中，如图 8.4 中第 12 个单元中的'r'是一个无效信息。

8.4.3 字符串格式化输入输出

1. scanf 与 printf

字符串被当作一个整体进行操作后可以视为一种新的数据类型，输入输出时的格式字符串为%s。

例 8.5 输入一个长度不超过 20 的字符串。

```
#include <stdio.h>
#include <stdlib.h>

int main(){
char s[21];                     //定义一个字符数组用于存储长度为 20 以内的字符串,因为要
                                //存储'\0'符号,所以字符串的空间要多一个字符
    //输入一个字符串
    scanf("%s",s);              //数组名中存储的是数组的地址,不需要 & 来取变量地址
    printf("output:%s",s);      //输出字符串
    return 0;
}
```

运行结果：

```
hello
output:hello
```

进一步测试可知，当输入为 hello world 时，输出仍然是 hello，即 scanf 在接受字符串输入时碰到空格认为输入完毕，主要原因是 C 语言编译器在处理输入时将空格、回车键等字符作为结束标志，当 scanf 遇到空格时，便结束读入。

如果要使用 scanf 输入字符串，并且字符串中可以包含空格，则需要转义字符%[^\n]，这样可以输入以换行符为结尾的字符串，而不管它中间是否包含空格。

例 8.6 输入带空格的字符串。

当字符串输入的格式控制字符串使用%s 时，在输入的过程中碰到空格或者换行符'\n'都会结束读入，为了防止读入时以空格结束，将控制字符串修改为%[^\n]，表示以换行符结束。

代码如下：

```
#include <stdio.h>
#include <stdlib.h>

int main(){
    char s[20];                 //定义一个字符数组用于存储字符串
    //输入一个字符串
    scanf("%[^\n]",s);          //当读到换行符时才结束输入
    printf("output:%s",s);      //输出字符串
    return 0;
}
```

运行结果：

```
hello world
output:hello world
```

2. gets 与 puts

gets()函数用于输入字符串，具体描述如下：

格式：

```
gets(字符数组名);
```

功能：gets()函数用于将输入的字符串内容存储到指定的字符数组中，输入结尾的换行符'\n'被换成'\0'存储在该数组中。

puts()函数用于输出字符串，具体描述如下：

格式：

```
puts(字符数组名);
```

功能：输出一个字符串。

例 8.7　使用 gets、puts 读入字符串并输出。

```
#include <stdio.h>
#include <stdlib.h>

int main(){
    char s[20];         //定义一个字符数组用于存储字符串
    gets(s);            //读入字符串
    puts(s);            //输出字符串
    return 0;
}
```

运行结果：

```
Hello world
Hello world
```

从运行结果可知，gets()函数能够接受带空格的字符串。

8.4.4　字符串长度

字符串的长度指结束符'\0'之前的所有字符的数量，因此，字符串长度的计算需要从字符串开始的位置开始计数，直到碰到结束符'\0'。

例 8.8　求字符串长度。

```
#include <stdio.h>
#include <stdlib.h>

//递归求解字符串 s 的长度，从 start 开始计数
```

```
int str_len(char s[],int start){
    //如果当前 start 已到达结束符,返回子字符串的长度为 0
    if(s[start] == '\0'){
        return 0;
    }
    //否则,从 start 开始的子字符串的长度=从 start+1 开始的子字符串长度+1,
    //此时,问题变为长度比原问题长度小 1 的子字符串长度求解,适用递归
    return str_len(s,start + 1) + 1;
}

int main(){
    char s[20];  //定义一个字符数组用于存储字符串
    gets(s);
    printf("string length:%d",str_len(s,0));
    return 0;
}
```

在实际编程中,可以直接使用 string.h 中定义的 strlen()函数来求字符串长度,代码如下:

```
#include <stdio.h>
#include <stdlib.h>
#include<string.h>

int main(){
    char s[20];  //定义一个字符数组用于存储字符串
    gets(s);
    printf("string length:%d",strlen(s));
    return 0;
}
```

8.4.5 字符串复制

字符串复制是指将一个字符串 s 复制到另一个字符串 t 中,因此,需要遍历字符串 s,并将 s 中的字符逐一复制到字符串 t 中。

例 8.9 字符串复制。

```
#include <stdio.h>
#include <stdlib.h>

void str_cpy(char src[],char dest[]){
    int i = 0;
    while(src[i] != '\0'){
        dest[i] = src[i];
        i ++;
    }
    dest[i] = '\0';
}

int main(){
```

```
    char src[20],dest[20];
    gets(src);
    str_cpy(src,dest);
    printf("after copy:%s",dest);
    return 0;
}
```

运行结果：

```
hello world
after copy:hello world
```

同样，string.h中提供了字符串复制的函数strcpy(char dest[], char src[])，使用方法如下所示：

```
#include <stdio.h>
#include <stdlib.h>
#include <string.h>

int main(){
    char src[20],dest[20];
    gets(src);
    strcpy(dest,src);
    printf("after copy:%s",dest);
    return 0;
}
```

8.4.6 字符串连接

将字符串s、t拼接存储在字符串s中，要求存储s的字符数组剩余空间不小于字符串t的长度。

例 **8.10** 拼接字符串。

```
#include <stdio.h>
#include <stdlib.h>

int main(){
    char s[20],t[20];
    gets(s);
    gets(t);
    //拼接字符串
    int i = 0;
    int j = strlen(s);
    while(t[i] != '\0'){
        s[j] = t[i];
        i ++;
        j ++;
```

```
    }
    s[j] = '\0';
    printf("after concat:%s",s);
    return 0;
}
```

运行结果：

```
hello
world
after concat:helloworld
```

在 string.h 中提供了拼接函数 strcat(),代码如下所示：

```
#include <stdio.h>
#include <stdlib.h>
#include <string.h>

int main(){
    char s[20],t[20];
    gets(s);
    gets(t);
    strcat(s,t);
    printf("after concat:%s",s);
    return 0;
}
```

8.4.7 字符串比较

字符串存储于字符数组,在进行字符串比较时应该要比较字符串的内容是否相等,而不能直接使用"=="进行判断,因"=="只适用值是否相等的判断。

例 8.11 判断字符串 s、t 内容是否相同。

```
#include <stdio.h>
#include <stdlib.h>
#include <string.h>

int str_cmp(char s[], char t[]){
    int equal = 1;
    int i = 0;
    int lens = strlen(s);
    int lent = strlen(t);
    if(lens != lent) return 0;   //s、t 的长度不等,则内容不同
    for(int i = 0; i < lens; i ++){
        if(s[i] != t[i]){        //第 i 位不等,内容则不同
            equal = 0;
            break;
        }
```

```
    }
    return equal;
}

int main(){
    char s[20],t[20];
    gets(s);
    gets(t);
    int result = str_cmp(s,t);
    if(result == 1){
        printf("equals");
    }else{
        printf("not equal");
    }
    return 0;
}
```

同样,string.h 中也提供了 strcmp()函数用于判断两个字符串的内容是否相同。

```
#include <stdio.h>
#include <stdlib.h>
#include <string.h>

int main(){
    char s[20],t[20];
    gets(s);
    gets(t);
    int result = strcmp(s,t);
    if(result == 0){
        printf("equals");
    }else{
        printf("not equal");
    }
    return 0;
}
```

strcmp 返回值为-1、0、1,分别用于返回 s<t、s==t、s>t 这 3 种情况。字符串是否相等需要从 s、t 开头的位置逐一对比,直到碰到不相等的情况,或者全部相等的情况。

例如:strcmp("hello","helo")==−1,因为 helo 在第 4 位上的'o'的 ASCII 值要大于 hello 第 4 位上的'l'的 ASCII 值,所以两个字符串不相等,而且第一个字符串比第二个字符串小。

8.4.8　字符串大小写转换

大小写转换可以利用'a'与'A'之间的 ASCII 差值来改变字符串中大小写字符,也可以直接使用 string.h 提供的 strlwr()、strupr()函数分别进行大写转小写、小写转大写的操作。

例 8.12　将字符串进行大小写转换。

```
#include <stdio.h>
#include <stdlib.h>
#include <string.h>

int main(){
    char str[] = "Hello World"; //要进行转换的字符串
    printf("原始字符串: %s\n", str);
    strlwr(str); //调用 strlwr()函数将字符串转为小写
    printf("大写转小写后的字符串: %s\n", str);
    strupr(str);
    printf("小写转大写后的字符串: %s\n", str);
    return 0;
}
```

数组与函数

8.5 数组与函数

例 8.13 编写函数找出数组中的最大值。

最大值的查找是一个独立的功能,可以用一个函数 max()实现。因为 max 的逻辑与数据无关,所以在 max 实现时需要将数组作为参数传入 max()函数,具体代码如下:

```
#include <stdio.h>
#include <stdlib.h>

//找出数组中的最大值
int max(int a[], int n){
    int max_val = a[0];
    for(int i = 1; i < n; i ++){
        if(max_val < a[i]){
            max_val = a[i];
        }
    }
    return max_val;
}

//利用随机数序列初始化数组
void init(int a[], int n){
    srand(time(NULL));
    for(int i = 0; i < n; i ++){
        a[i] = rand() % 100;
    }
}

//输出数组内容
void output(int a[], int n){
    for(int i = 0; i < n; i ++){
        printf("%d ",a[i]);
    }
```

```
    printf("\n");
}

int main(){
    int arr[10];
    init(arr,10);
    output(arr,10);
    int max_value = max(arr,10);
    printf("max = %d\n",max_value);
    return 0;
}
```

在数组传递的过程中传入的是数组的首地址，形参操作的数据区域是该首地址指向的区域，因此，形参与实参都操作了相同的内存空间，所以子函数中对数组的改变会影响到实参的值，即在子函数 init()中改变形参的值，则实参 arr 中的值也会改变，具体原理详见第9章。

例 **8.14**　二维数组作为函数的形参。

```
#include <stdio.h>
#include <stdlib.h>

int max(int a[][3],int row, int col){
    int max_val = a[0][0];
    for(int i = 0; i < row; i ++){
        for(int j = 0; j < col; j ++){
            if(a[i][j] > max_val){
                max_val = a[i][j];
            }
        }
    }
    return max_val;
}

int main(){
    int arr[][3] = {{2,5,8},{1,4,9},{10,22,3}};
    int max_value = max(arr,3,3);
    printf("max=%d\n",max_value);
    return 0;
}
```

8.6　排序和查找

排序与查找是数组的重要应用，在数据结构课程中有专门的主题。在本课程中我们介绍基本的排序和查找方法，包括冒泡排序、顺序查找、二分查找。

8.6.1　冒泡排序

冒泡排序

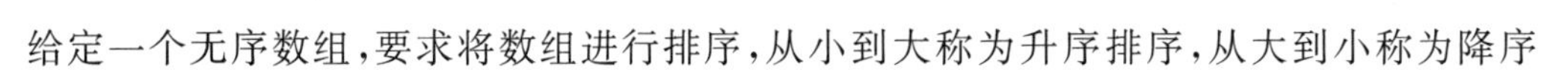
给定一个无序数组，要求将数组进行排序，从小到大称为升序排序，从大到小称为降序

排序。

下面以升序排序为例介绍冒泡排序(Bubble Sorting)算法。

冒泡排序算法的基本思想是：通过对待排序序列从前向后依次比较相邻元素的值，若发现逆序则交换，使值较大的元素逐渐从前移向后部，就像水底下的气泡一样逐渐向上冒。

例 8.15 用冒泡排序算法对数组{5,8,2,9,7,1,3}进行升序排序。

按冒泡排序算法进行排序的过程如下：

(1) 因为需要比较相邻两个元素，所以对于具有 n 个元素的数组需要进行 n－1 次比较才能确定一个元素的序，如图 8.5 所示。

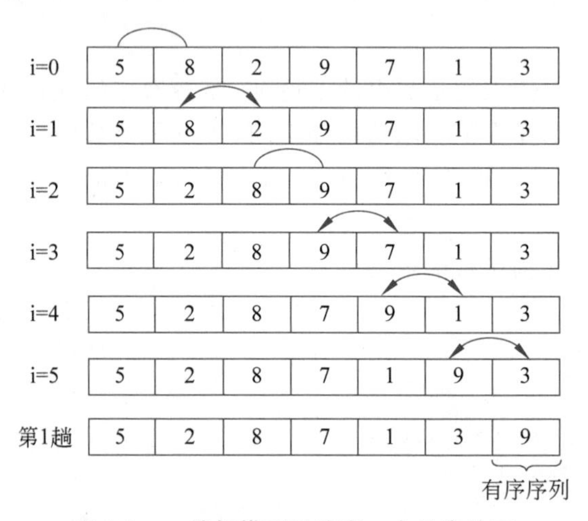

图 8.5 一趟扫描可以确定一个元素的序

从图 8.5 可知，无序序列中的最大的元素是 9，当从第一个元素开始比较，如果前面的元素比后面的元素大(逆序)则交换，使得最大的元素逐次向后移动，直到所有元素都被访问后最大的元素就位于数组的最后一个单元，这样的所有元素都进行比较和交换称为一趟。经过一趟操作使得最后的一个元素是有序的(最大)。

(2) 经过一趟扫描，无序序列的规模变为 n－1，对这 n－1 个元素进行 n－2 次的比较，序列中最大的元素 8 就被移动到无序序列的最后一个单元，此时，有序序列的规模变为 2。

(3) 按照上述操作规则，继续进行第 3、4、5、6 趟操作，所有的元素都变得有序，如图 8.6 所示。

第1趟	5	2	8	7	1	3	9
第2趟	2	5	7	1	3	8	9
第3趟	2	5	1	3	7	8	9
第4趟	2	1	3	5	7	8	9
第5趟	2	1	3	5	7	8	9
第6趟	1	2	3	5	7	8	9

图 8.6 冒泡排序过程

总结：冒泡排序算法需要进行 n－1 趟扫描(第 n 趟扫描时无序序列中只有一个元素，

无须交换，所以只需要进行 n－1 趟扫描)，第 i 趟扫描中需要对数组中相邻元素进行比较交换(次数为 n－i－1)，因此，算法需要使用双重循环进行实现，代码如下所示：

```
#include <stdio.h>
#include <string.h>
#define N 7

void output(int arr[]){
    for(int i = 0; i < N; i ++){
        printf("%d ",arr[i]);
    }
    printf("\n");
}

int main(){
    int arr[N] = {5,8,2,9,7,1,3},tmp;
    printf("the array before sort:\n");
    output(arr);
    for(int i = 0; i < N - 1; i ++){
        for(int j = 0;j < N - i - 1; j ++){
            if(arr[j] > arr[j + 1]){
                tmp = arr[j];
                arr[j] = arr[j + 1];
                arr[j + 1] = tmp;
            }
        }
    }
    //输出
    printf("the array after sort:\n");
    output(arr);
    return 0;
}
```

运行结果：

```
the array before sort:
5 8 2 9 7 1 3
the array after sort:
1 2 3 5 7 8 9
```

冒泡排序在一趟扫描中如果没有发生交换，则说明数组已经有序，排序算法可以提前终止，其优化代码如下：

```
#include <stdio.h>
#include <string.h>
#define N 7

void output(int arr[]){
    for(int i = 0; i < N; i ++){
```

```
            printf("%d ",arr[i]);
        }
        printf("\n");
}

int main(){
        int arr[N] = {5,8,2,9,7,1,3},tmp,is_swapped;
        printf("the array before sort:\n");
        output(arr);
        for(int i = 0; i < N - 1; i ++){
            is_swapped = 0;             //本趟扫描之前设定没有交换
            for(int j = 0;j < N - i - 1; j ++){
                if(arr[j] > arr[j + 1]){
                    tmp = arr[j];
                    arr[j] = arr[j + 1];
                    arr[j + 1] = tmp;
                    is_swapped = 1;  //如果发生交换则置变量为 1
                }
            }
            if(!is_swapped) break;  //如果本趟扫描没有发生交换,则提前终止算法
        }
        //输出
        printf("the array after sort:\n");
        output(arr);
        return 0;
}
```

8.6.2 顺序查找

查找具有很强的应用背景,特别是在当今数据急剧增长的时代。在数据结构中有二叉查找树、哈希查找、索引等技术支持快速查找,这些技术被大量应用于数据库技术实现高性能查找。

顺序查找是最基础的查找技术,是一种蛮力查找方法,其思路是遍历数组中所有的元素,逐一比对。如果数组中存在数据与查找关键字相等,则说明查找成功,返回关键字在数组中的位置,否则说明查找失败,返回−1。

顺序查找代码如下:

```
#include <stdio.h>
#include <string.h>
#define N 7

int seq_search(int arr[],int key){
    for(int i = 0; i < N; i ++){
        if(arr[i] == key){
            return i;
        }
    }
```

```
    return -1;
}

int main(){
    int arr[N] = {5,8,2,9,7,1,3},key;
    printf("input a key to search:");
    scanf("%d",&key);
    int idx = seq_search(arr,key);
    if(idx != -1){
        printf("key %d is the %dth elements.\n",key,idx);
    }else{
        printf("key %d is not in the array.\n",key);
    }
    return 0;
}
```

运行结果：

```
用例 1:
input a key to search:1
key 1 is the 5th elements.
用例 2:
input a key to search:100
key 100 is not in the array.
```

8.6.3　二分查找

顺序查找应用场景是无序序列，因此查询效率比较低下，而大量的高效查询算法都是基于有序序列的。

对于一个有序数组{1,2,3,5,7,8,9}，如果要找的数是 3，则首先将 3 与数组的中间元素 5 进行比较，显然 3 小于 5，不可能出现在 5 的右侧，所以将查询范围限制在左子区间{1,2,3}，而放弃右子区间。进一步在左子区间查找的逻辑与原问题相同，因此可以用递归或者迭代的方法继续查找，这种查找方法称为二分查找。

二分查找代码如下：

```
#include <stdio.h>
#include <string.h>
#define N 7

int binary_search(int arr[],int key){
    int left = 0, right = N - 1,mid;
    while(left <= right){
        mid = (left + right) / 2;
        if(key == arr[mid]){
            return mid;
        }
        if(key > arr[mid]){
```

```
            left = mid + 1;
        }else{
            right = mid - 1;
        }
    }
    return -1;
}

int main(){
    int arr[N] = {1,2,3,5,7,8,9},key;
    printf("input a key to search:");
    scanf("%d",&key);
    int idx = binary_search(arr,key);
    if(idx != -1){
        printf("key %d is the %dth elements.\n",key,idx);
    }else{
        printf("key %d is not in the array.\n",key);
    }
    return 0;
}
```

利用递归实现二分查找代码如下：

```
#include <stdio.h>
#include <string.h>
#define N 7

int binary_search_recur(int arr[],int key,int left,int right){
    if(left > right) return -1;
    int mid = (left + right) / 2;
    if(arr[mid] == key){
        return mid;
    }
    if(arr[mid] > key){
        right = mid - 1;
    }else{
        left = mid + 1;
    }
    return binary_search_recur(arr,key,left,right);
}

int main(){
    int arr[N] = {1,2,3,5,7,8,9},key;
    printf("input a key to search:");
    scanf("%d",&key);
    int idx = binary_search_recur(arr,key,0,N-1);
    if(idx != -1){
        printf("key %d is the %dth elements.\n",key,idx);
    }else{
        printf("key %d is not in the array.\n",key);
    }
    return 0;
}
```

出现次数最多的字符

8.7 能力拓展

8.7.1 出现次数最多的字符

对于一个长度大于 0 且只包含小写字符的字符串，找出出现次数最多的字符；如果出现次数最多的字符有多个，则找出出现最早且出现次数最多的字符。

例如，abccafeffkc。其中，c 和 f 都出现 3 次，但 c 出现较早，所以输出 c。

求解思路：

(1) 扫描整个字符串，统计每个字符出现的次数。

(2) 记录每个字符第一次出现的位置。

(3) 找出字符出现的最大次数。

(4) 找出出现最早且出现次数最多的字符。

根据上述思路进行建模，如图 8.7 所示。

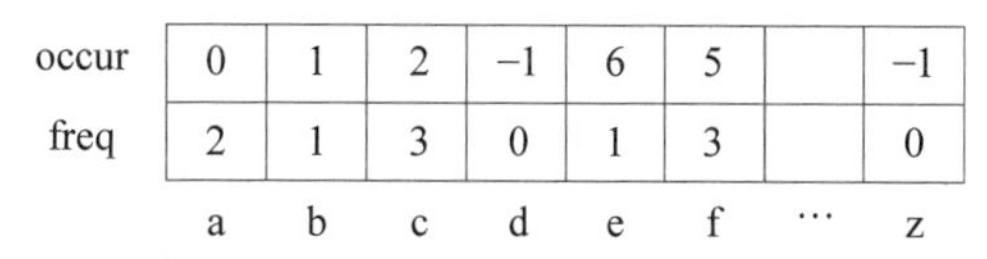

	a	b	c	d	e	f	…	z
occur	0	1	2	−1	6	5		−1
freq	2	1	3	0	1	3		0

图 8.7　记录字符第一次出现的位置和次数的模型

根据模型可以得到如下求解过程：

(1) 建立数组 occur[26]记录每个字符第一次出现的位置。

(2) 建立数组 freq[26]统计每个字符出现的次数。

(3) 图 8.7 中所示数组脚标使用小写字母表示，这不符合 C 语言的数组脚标规则，因此需要进一步处理为 0～25。假设当前读入的字符是 ch，则对应的脚标为 ch－'a'。如 ch＝'a'，则其在数组中的位置为 0；ch＝'b'，则其在数组中的位置为 1，以此类推。

完整代码如下：

```
#include <stdio.h>
#include <stdlib.h>

int main(){
    char s[100001];
    int freq[26],occur[26] ;
    for(int i = 0; i < 26; i ++){
        occur[i] = -1;
    }
    scanf("%s",s);
    int sl = strlen(s);
    //统计每个字符出现的次数
    for(int i = 0; i < sl; i ++){
        int offset = s[i] - 'a';
        freq[offset] ++;
        if(occur[offset] == -1){
            occur[offset] = i;
```

```
        }
    }
    //找出字符出现的最大次数
    int max = freq[0];
    for(int i = 1; i < 26; i ++){
        if(freq[i] > max){
            max = freq[i];
        }
    }
    //找出现最早且出现次数最多的字符,并记下字符位置
    int occurs_first = -1;
    int idx;
    for(int i = 0; i < 26; i ++){
        if(freq[i] == max){
            if(occurs_first == -1){
                occurs_first = occur[i];
                idx = i;
            }else{
                if(occurs_first > occur[i]){
                    occurs_first = occur[i];
                    idx = i;
                }
            }
        }
    }
    printf("%c\n",'a'+ idx);
    return 0;
}
```

运行结果：

```
abccafeffkc
c
```

8.7.2 大整数加法

求两个不超过100位的非负整数的和,输出不包括第一个有效数字之前的0。

求解思路：

(1) 大整数的位数超过了C语言基本数据类型的表示范围,因此,需要用数组存储大整数。存储方法为数组中的每个单元存储大整数的1位数字。

(2) 在输入时,整数的高位存储在数组的低位,因此需要对读入的整数进行逆序存储,将两个整数的低位对齐。

(3) 在输出时,需要逆序输出,从数组的最后一个元素开始向低位移动,直到碰到第一个不是0的元素,此时开始正常输出。

完整代码如下：

```
#include <stdio.h>
#include <stdlib.h>
#define N 205
```

```
//将数组逆序
void reverse(int arr[],int n){
    int tmp;
    for(int i = 0; i < n / 2; i ++){
        tmp = arr[i];
        arr[i] = arr[n - 1 - i];
        arr[n - 1 - i] = tmp;
    }
}

//逆序打印有效数字
void printReverse(int arr[],int n){
    int flag = 1;
    printf("大整数相加结果为: \n");
    for(int i = n - 1; i >= 0; i --){
        if(flag && arr[i] != 0){
            flag = 0;
        }
        if(!flag)
        printf("%d",arr[i]);
    }
    if(flag){
        printf("0");
    }
    printf("\n");
}

//读入数组(大整数)
void readArray(int a[]){
    char ch;
    int len = 0;
    while((ch = getchar()) != '\n'){
        a[len ++] = ch - '0';
    }
    reverse(a,len);
}

//数组(大整数)相加
void add(int a[], int b[]){
    for(int i = 0; i < N; i ++){
        a[i] = a[i] + b[i];
        a[i + 1] += a[i] / 10;
        a[i] %= 10;
    }
    printReverse(a,N);
}

int main(){
    int a[N]={0},b[N]={0};
    readArray(a);
```

```
    readArray(b);
    add(a,b);
    return 0;
}
```

运行结果:

```
92783498237432
673463746
大整数相加结果为:
92784171701178
```

8.7.3 花括号匹配

对 C 语言源代码的花括号进行解析,判断程序的语法是否正确。花括号的匹配按最近原则进行匹配,如果最近匹配失败则标出相应的符号进行说明。

例如:

```
样例 1:
输入: {xxx{eeee{kkfk}{er{
输出: #    #              #   #
样例 2:
    输入: yyy }xxx{kk{uu}}}}{
输出:          ?              ??#
```

求解思路:

(1) 由于带花括号的字符串中有若干花括号,适用于使用递归进行求解。

(2) 依次扫描字符串,遇到左花括号递归,在递归调用中继续扫描寻找右花括号,如果碰到右花括号则最近匹配成功;如果碰到左花括号则继续递归,直到碰到右花括号返回。

(3) 如果扫描到右花括号而无左花括号需要与之匹配,这种情况发生在第一层递归调用上,因此需要记录当前递归的层数。

(4) 如果扫描到左花括号之后,在接下来的递归调用中没有碰到右花括号,即扫描到字符串结尾处仍然没有右花括号,此时,应该返回特殊标记标识无右花括号与之前的左花括号匹配。而且可能存在前面的若干左花括号都没有右花括号与之匹配,则从最底层开始的递归调用持续返回,标记不匹配的情况,直到返回到第一层,此时,递归调用结束。

具体调用过程如图 8.8 所示。

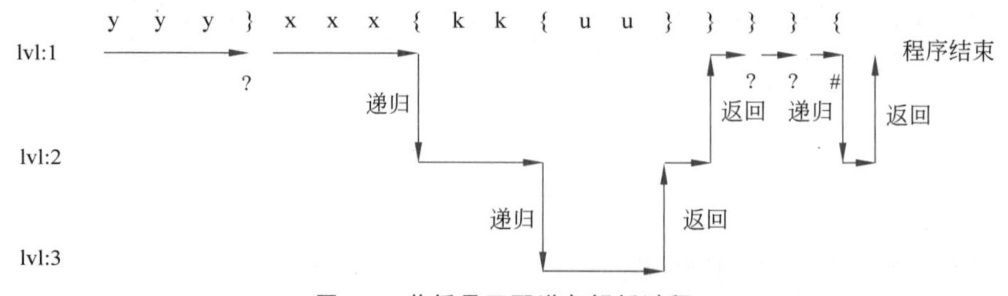

图 8.8 花括号匹配递归解析过程

完整代码如下：

```
#include <stdio.h>
#include <stdlib.h>
#include <string.h>

int parse(int start, char s[], char t[], int left,int lvl){
    int right = -1, i;
    int end = strlen(s);
    for(i = start; i < end; ){
    //扫描到左花括号,记录位置,递归寻找右花括号
        if(s[i] == '{'){
            left = i;
            right = parse(i + 1,s, t,left,lvl + 1);        //right 为右花括号的位置
            if(right < end){                    //找到右花括号
                t[left] = ' ';                  //最近左右花括号匹配,不做标记
                t[right] = ' ';
                i = right;                      //跳到右花括号位置继续匹配
                if(lvl == 1) left = -1;         //如果递归返回到第一层,说明之前的花括号都已
                                                //匹配,无未匹配的左花括号了,记为-1
            }else{
                t[left] = '#';   //否则,找到字符串结尾处仍然没有右花括号,即左花括号
                                 //无右花括号匹配,做标记
            }
        }else if(s[i] == '}'){                  //扫描到右花括号
            if(left == -1){                     //右花括号之前无未匹配的左花括号,做标记
                t[i] = '?';
            }else{
                return i;                       //返回右花括号的位置
            }
        }else{
            t[i] = ' ';                         //非花括号字符不做标记
        }
        i ++;                                   //迭代下一个字符
        if(i > end - 1) t[end] = '\0';          //所有字符扫描完毕,置结束标志
    }
    return i;                  //扫描完毕都没有找到右花括号,则返回字符串结束的
                               //位置,用于标识最后连续若干左花括号没有匹配的情况
}

int main(){
    char s[120], t[120];
    while(~scanf("%s",s)){
      parse(0,s,t,-1,1);
      printf("%s\n",s);
      printf("%s\n",t);
    }
    return 0;
}
```

运行结果：

```
{xxx{eeee{kkfk}{er{
{xxx{eeee{kkfk}{er{
#   #          #  #
yyy}xxx{kk{uu}}}}{
yyy}xxx{kk{uu}}}}{
  ?            ??#
```

习　　题

1. 程序阅读题

(1) 阅读程序,输出结果。

```c
#include <stdio.h>
int main() {
    int arr[] = {2, 3, 5, 7, 11};
    int sum = 0;
    for (int i = 0; i < 5; i++) {
        sum += arr[i];
    }
    printf("The sum of the array elements is: %d\n", sum);
    return 0;
}
```

(2) 阅读程序,输出结果。

```c
#include <stdio.h>
void modifyArray(int arr[], int size) {
    for (int i = 0; i < size; i++) {
        arr[i] *= 2;
    }
}
int main() {
    int numbers[] = {1, 2, 3, 4, 5};
    modifyArray(numbers, 5);
    for (int i = 0; i < 5; i++) {
        printf("%d ", numbers[i]);
    }
    return 0;
}
```

(3) 阅读程序,输出结果。

```c
#include <stdio.h>
int findMax(int arr[], int size) {
    int max = arr[0];
    for (int i = 1; i < size; i++) {
        if (arr[i] > max) {
```

```
            max = arr[i];
        }
    }
    return max;
}
int main() {
    int data[] = {14, 25, 8, 30, 17};
    int result = findMax(data, 5);
    printf("The maximum element in the array is: %d\n", result);
    return 0;
}
```

(4) 阅读程序,输出结果。

```
#include <stdio.h>
int main() {
    int matrix[2][2] = {{1, 2}, {3, 4}};
    for (int i = 0; i <= 2; i++) {
        for (int j = 0; j <= 2; j++) {
            printf("%d ", matrix[i][j]);
        }
        printf("\n");
    }
    return 0;
}
```

(5) 阅读程序,输出结果。

```
#include <stdio.h>
int main() {
    int arr[] = {4, 7, 1, 9, 3, 2, 8, 5, 6};
    int temp;
    for (int i = 0; i < 9; i += 2) {
        temp = arr[i];
        arr[i] = arr[i + 1];
        arr[i + 1] = temp;
    }
    for (int i = 0; i < 9; i++) {
        printf("%d ", arr[i]);
    }
    return 0;
}
```

(6) 阅读程序,输出结果。

```
#include <stdio.h>
int main() {
    int arr[3][3] = {{1, 2, 3}, {4, 5, 6}, {7, 8, 9}};
    int i, j;
    for(i = 0; i < 3; i++) {
```

```
        for(j = 0; j < 3; j++) {
            if(i == 1 || j == 1) {
                printf("%d ", arr[i][j]);
            }
            else {
                printf("  ");
            }
        }
        printf("\n");
    }
    return 0;
}
```

(7) 阅读程序,回答问题。

```
int n;
int a[20];
bool vis[20];
void dfs(int pos, int tar) {
    if (pos == tar + 1) {
        for (int i = 1; i <= tar; i ++ ) printf("%d", a[i]);
        puts("");
        return ;
    }
    for (int i = 1; i <= n; i ++) {
        if (!vis[i]) {
            vis[i] = true; a[pos] = i;
            dfs (pos + 1, tar);
            vis[i] = false;
        }
    }
}
int main() {
    scanf("%d", &n);
    for (int i = 1; i <= n; i ++ )
        dfs(1, i);
    return 0;
}
```

① 思考以上程序的输出特点。

② 思考 dfs()函数能否只用一个参数实现。

(8) 阅读程序,回答问题。

```
const int N = 30;
int n, m;
int st[N];
bool path[N];

void dfs(int u, int t) {
```

```
    if (u == m) {
        for (int i = 0; i < m; i++)
            printf("%d", st[i]);
        puts("");
        return;
    }
    for (int i = t; i <= n; i++) {
        if (u == 0 && i + m - 1 > n)
            break;
        if (!path[i]) {
            st[u] = i;
            path[i] = true;
            dfs(u + 1, i + 1);
            if (u)
                path[i] = false;
        }
    }
}
int main() {
    scanf("%d %d", &n, &m);
    dfs(0, 1);
    return 0;
}
```

① 思考这个程序的输出和第(7)题有什么区别。

② dfs初始化能否从(1,1)开始而不是(0,0)?

(9) 阅读程序,回答问题。

```
void selectSort(int a[], int len){
    for(int i = 0;i < len - 1;i++){
        int p = i;
        for(int j = i + 1;j < len;++j) if(a[j] < a[p]) p=j;
        swap(a[i], a[p]);
    }
}
```

这个函数实现的是否为稳定排序(相等元素在排序后相对位置不变)?

(10) 阅读程序,回答问题。

```
int a[N], tmp[N];
void msort(int q[], int l, int r){
    if (l >= r) return;
    int mid = (l + r) / 1;
    merge_sort(q, l, mid), merge_sort(q, mid + 1, r);
    int k = 0, i = l, j = mid + 1;
    while (i <= mid && j <= r)
        if (q[i] <= q[j]) tmp[k ++ ] = q[i ++ ];
        else tmp[k ++ ] = q[j ++ ];
```

```
    while (i <= mid) tmp[k ++ ] = q[i ++ ];
    while (j <= r) tmp[k ++ ] = q[j ++ ];
    for (i = l, j = 0; i <= r; i ++, j ++ ) q[i] = tmp[j];
}
```

阅读程序思考:

① 函数的终止条件是什么?

② 这个函数与冒泡排序的区别是什么?

2. 程序填空题

(1) 阅读程序,按要求填空。

```
#include <stdio.h>
int main() {
    int numbers[] = {12, 34, 56, 78, 90};
    int sum = 0;
    for (int i = 0; i < 5; i++) {
        sum += ________;
    }
    printf("The sum of the array elements is: %d\n", sum);
    return 0;
}
```

在画线处填入代码,使得 sum 等于数组中所有元素的和。

(2) 阅读程序,按要求填空。

```
#include <stdio.h>
int main() {
    int values[] = {2, 5, 8, 11, 14};
    for (int i = 0; i < 5; i++) {
        if (________) {
            printf("%d ", values[i]);
        }
    }
    return 0;
}
```

在画线处填入代码,使得输出元素为偶数。

(3) 阅读程序,按要求填空。

```
#include <stdio.h>
int main() {
    int data[3][3] = {{1, 2, 3}, {4, 5, 6}, {7, 8, 9}};
    int sum = 0;
    for (int i = 0; i < 3; i++) {
        sum += ________;
    }
    ________
    return 0;
}
```

补充代码，使其输出为"15"。

(4) 阅读程序，按要求填空。

```
#include <stdio.h>
int main() {
    int arr[] = {5, 8, 12, 6, 3};
    int total = 0;
    for (int i = 0; i < 5; i++) {
        total += ________;
    }
    printf("The sum of squares of array elements is: %d\n", total);
    return 0;
}
```

在画线处填入代码，使得 total 等于数组中所有元素的平方和。

(5) 阅读程序，按要求填空。

```
#include <stdio.h>
int main() {
    int arr[] = {3, 1, 4, 1, 5, 9, 2, 6, 5, 3};
    int target = 5;
    int occurrences = 0;
    for (int i = 0; i < 10; i++) {
        if (arr[i] == ________) {
            occurrences++;
        }
    }
    printf("The number %d occurs %d times in the array.\n", target, occurrences);
    return 0;
}
```

在画线处填入代码，使得 occurrences 等于数组中 target 的元素个数。

(6) 阅读程序，按要求填空。

```
int number = 1;
for (int i = 0; i < 3; i++) {
    for (int j = 0; j < 3; j++) {
        array[i][j] = ________;
        ________________;
    }
}
```

在画线处填入代码，使其按照以下方式递增：

```
1 2 3
4 5 6
7 8 9
```

(7) 阅读程序，按要求填空。

```
void qsort(int q[], int l, int r){
    if (l >= r) return;
    int i = l - 1, j = r + 1, x = q[l + r >> 1];
    while (i < j){
        do i ++ ; while (q[i] < x);
        do j -- ; while (q[j] > x);
        if (i < j) swap(q[i], q[j]);
    }
    ______________;
    ______________;
}
```

在画线处填入代码,使代码完成排序功能。

(8) 阅读程序,按要求填空。

```
const int N = 100010;
int A[N], B[N], C[N];
char a[N], b[N];
int Add(int a[], int b[], int c[], int cnt) {
    int t = 0;
    for (int i = 1; i <= cnt; i++) {
        _______;
        c[i] = t % 10;
        _______;
    }
    if (_______) c[++cnt] = 1;
    return cnt;
}
int main() {
    scanf("%d %d", &a, &b);
    int cnt1 = 0;
    for (int i = strlen(a) - 1; i >= 0; i--)
        A[++cnt1] = a[i] - '0';
    int cnt2 = 0;
    for (int i = strlen(b) - 1; i >= 0; i--)
        B[++cnt2] = b[i] - '0';
    int tot = Add(A, B, C, max(cnt1, cnt2));
    for (int i = tot; i >= 1; i--)
        printf("%d", C[i]);
    return 0;
}
```

在画线处填入代码,实现大整数加法。

(9) 阅读程序,按要求填空。

```
const int N = 100010;
int array[N];
int nums;
int result = 0;
```

```
void merge_sort(int array[], int l, int r) {
    if (l >= r)return;
    int mid = (l + r) / 2;
    ________;
    ________;
    int temp[r - l + 1];
    int lptr = l;
    int rptr = mid + 1;
    int tempptr = 0;
    while (lptr <= mid && rptr <= r) {
        if (array[lptr] <= array[rptr]) {
            temp[tempptr++] = array[lptr++];
        } else {
            temp[tempptr++] = array[rptr++];
            ________________;
        }
    }
    while (lptr <= mid) {
        temp[tempptr++] = array[lptr++];
    }
    while (rptr <= r) {
        temp[tempptr++] = array[rptr++];
    }
    for (int i = l, j = 0; i <= r; i++, j++) {
        ________;
    }
}
int main() {
    scanf("%d", &nums);
    for (int i = 0; i < nums; i++) {
        scanf("%d", &array[i]);
    }
    merge_sort(array, 0, nums - 1);
    printf("%d", result);
    return 0;
}
```

在画线处填入代码，在排序过程中完成逆序对数量的求解。

3. 编程题

(1) 编写一个程序，查找整数数组中的最大元素并打印出来。

(2) 编写一个程序，查找整数数组中的最大元素并打印它的下标。

(3) 编写一个程序，实现两个大整数的加法运算(每个整数都以字符串形式给出)。

(4) 编写一个程序，定义一个包含若干整数的二维数组，然后编写一个函数，接受二维数组和行列数作为参数，并返回数组中所有元素的平均值。

(5) 编写一个程序，查找一个整数数组中的所有偶数，并将它们存储在另一个数组中，然后打印出这个新数组的内容。

(6) 编写一个程序，将一个整数数组循环右移k个位置。例如，如果数组为{1,2,3,4,5}，右移2个位置后变为{4,5,1,2,3}。

(7) 编写一个程序,查找一个整数数组中的所有重复元素,并打印出这些重复元素。

(8) 编写一个程序,将一个整数数组按照绝对值的大小进行排序,并打印出排序后的数组。

(9) 编写一个程序,查找一个整数数组中的所有的“峰值”,即比相邻元素都大的元素,并打印出这些峰值及其位置。

(10) 编写一个程序,查找一个整数数组中的所有连续子数组中的最大和,并打印出这个最大和。

(11) 给定两个数组和一个目标值x,求出所有的数对(i,j)满足 $a[i] + b[j] = x$(设a数组的长度为n,b数组的长度为m,满足 $1 \leqslant n, m \leqslant 1e5$)。

(12) 给定两个数组a,b,编写程序判断a数组是否为b数组的子序列,如果是的话判断a数组是否为b数组的子段。

(13) 给定一个括号序列,可以删除一些括号,要求删除后的序列是合法的括号序列,求有几种括号序列。

(14) 给定一个整数数组,操作m次,每次将未在数组中出现过的最小的正整数加入数组末尾,求最终的数组。

(15) 给定两个字符串a,b,可以执行不超过m次操作,每次操作翻转b数组中一段长度为k的区间,问是否可以使得a,b相等。

(16) 有一段长度为n的路,初始时在1位置,每次可以往后走1、2或5步,求走到n位置时有几种方案(如果两种方案存在一步不同,也称为不同的方案)。

第9章 指　针

指针是C语言的亮点和主要特点。指针变量用于存储地址，可以通过指针对数据本身、存储数据的变量地址进行操作，提高了程序设计的灵活性。由于指针的指向在程序中可以根据问题需求指向不同的地址，因此，理解和实现基于指针的程序难度较大。

9.1 概　述

在C语言中，指针一般是用来存储一个内存地址的变量，主要用于存储某种数据类型的数据在内存中的地址，以实现对内存的快速访问。同时，很多复杂的数据结构也可以基于指针实现，如链表、二叉树和图等。

9.1.1 内存地址与指针

定义指针变量的语法：

```
数据类型说明符 *指针变量名[=初值]
```

其中，数据类型说明符是C的基本数据类型或数据对象，“*”表明所定义的是一个指针变量，指针变量名的命名规则与普通变量名的命名规则相同。

例如：

```
int *ptr;        //定义一个指针变量 ptr,用于存储一个整型数据在内存中的地址
```

当指针变量中存储的是一个相应类型的变量在内存中的地址时，称指针指向变量。如果一个指针变量没有被赋值而被使用，则称该指针为“野指针”。“野指针”指向的内存区域是随机的，可能造成内存的非法访问，具有很大的危害，因此，在定义指针时需要将指针进行初始化操作。

指针变量的类型是指针所指向的变量的类型，指针变量中存储的是变量的地址，因为地址的类型是unsigned long int类型，所以不同类型的指针在内存中所占用的空间大小是相同的。编译器会根据指针的类型决定对指针所指向的地址按不同类型进行编码以实现对数据的存取。以32位系统为例，整型的指针变量将对连续的4字节进行存取，浮点型的指针将对连续的8字节进行存取。

定义如下指针：

```
int a=66, * ptra=&a;        //定义了一个指向整型变量 a 的整型指针 ptra
double b=1.2, * ptrb=&b;   //定义了一个指向双精度浮点型变量 b 的双精度浮点型指针 ptrb
int * ptrn=NULL;            //定义了一个可以指向整型数据的空指针,初始化为 0
```

其中，整型指针 ptra 指向整型变量 a，ptra 的值为变量 a 在内存中存储空间的首地址。假设整型变量 a 在内存中的存储占 4 字节，其地址为 1000H 到 1003H，则指针变量 ptra 的值为 1000H，如图 9.1 所示。

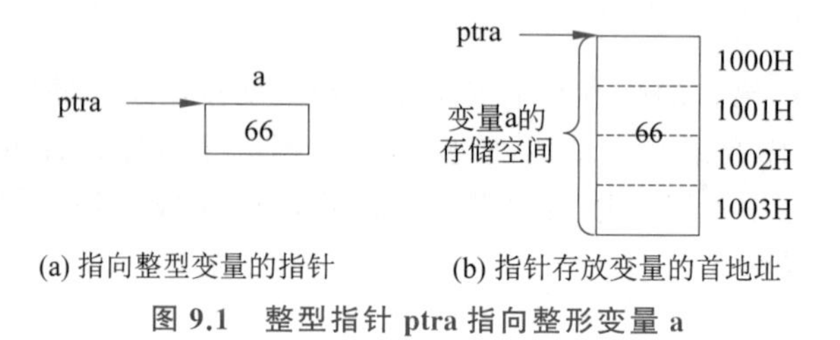

(a) 指向整型变量的指针　　(b) 指针存放变量的首地址

图 9.1　整型指针 ptra 指向整形变量 a

同理，ptrb 指向双精度浮点型变量 b（设在内存占 8 字节），如图 9.2 所示。

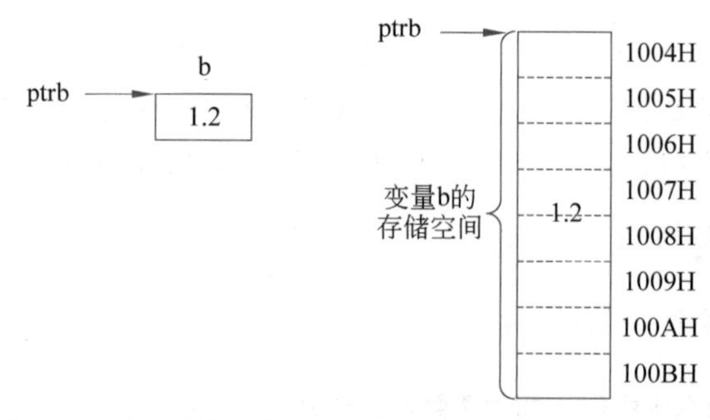

(a) 指向双精度浮点型变量的指针　　(b) 指针存放变量的首地址

图 9.2　ptrb 指向双精度浮点型变量 b

整型指针 ptrn 是一个空指针，被初始化为 0，这是一种安全的操作，可以防止指针的非法内存访问。

9.1.2　指针变量的赋值

指针变量除了可以在定义的时候通过初始化赋值外，还可以在程序中被赋值。例如：

```
int a=66, * ptra=&a;        //定义了一个指向整型变量 a 的整型指针 ptra
double b, * ptrb;           //定义了一个指向双精度浮点型变量 b 和双精度浮点型指针 ptrb
int c=10;                   //定义了一个整型变量 c
ptrb=&b                     //将指针 ptrb 指向变量 b
//将指针 ptra 重新赋值为变量 c 的首地址,即指针 ptra 被修改为指向变量 c
ptra=&c
```

注意：整型指针 ptra 在定义时是指向整型变量 a 的，而后续的代码 ptra=&c，将整型指针 ptra 重新指向了整型变量 c，这样的操作是合法的。如果执行 ptrb=&c，因为 ptrb 是双精度浮点型的指针，而 c 是一个整型变量，两者涉及的编码字节数量不一样，可能会造成内存的非法访问。

9.2　指针运算

因为指针变量在程序中指向一个数据存储的地址，所以在 C 语言代码中可以利用指针来进行数据的访问或修改等操作，同时指针还可以进行算术运算、比较等操作。

9.2.1　取地址运算和间接访问运算

取地址运算和间接访问运算是指针操作中最基本的运算，其中取地址运算符为“&”，间接访问运算符为“ * ”，这两个运算符均为单目运算符。

取地址运算符“&”可以获取操作数在内存中存储的地址，常见的操作数有变量、数组元素等。间接访问运算符“ * ”的操作数是指针变量，用来存取操作数所指向的内存单元中的数据。

例如：

```
#include<stdio.h>
main(){
    int a=66, * ptra=&a;            //定义了一个指向整型变量 a 的整型指针 ptra
    //* ptra 为间接访问运算，即通过指针 ptra 访问内存中的数据
    printf("a=%d\n* ptra=%d\n",a, * ptra);
}
```

上面代码运行结果如下：

```
a=66
* ptra=66
```

例 9.1　指针使用示例。

```
#include<stdio.h>
main(){
    int a, * ptra=&a;
    printf("请输入一个整数给变量 a\n");
    scanf("%d",&a);
    printf("* ptra=%d\n", * ptra);
    printf("请输入一个整数给指针 ptra 指向的整型内存空间\n");
    scanf("%d",ptra);
    printf("a=%d\n",a);
    printf("请输出此时 a+1 的平方值\n");
    printf("直接用变量计算的结果: %d\n",(a+1) * (a+1));
    printf("用指针间接引用计算的结果: %d\n",( * ptra+1) * ( * ptra+1));
}
```

运行结果如下：

```
请输入一个整数给变量 a
2
*ptra=2
请输入一个整数给指针 ptra 指向的整型内存空间
4
a=4
请输出此时 a+1 的平方值
直接用变量计算的结果: 25
用指针间接引用计算的结果: 25
```

从例9.1可知程序中存在两个等价关系:

(1) &a 和 ptra 等价,均为变量 a 在内存中存储的地址。

(2) a 和 * ptra 等价,均为变量 a 在内存存储的值。

9.2.2 指针的赋值运算

指针变量除了可以用一个类型匹配的变量地址赋值以外,同类型的指针变量之间也可以相互赋值。

例 9.2 指针变量赋值。

```
#include<stdio.h>
main(){
    int a=66, *ptra=&a;
    int *q;
    q=ptra;   //将指针 ptra 的地址赋值给指针 q
    printf("*ptra=%d\n", *ptra);
    printf("*q=%d\n", *q);
}
```

程序将指针 ptra 指向变量 a 的地址的同时,指针 q 也指向了变量 a 的地址,如图9.3所示。

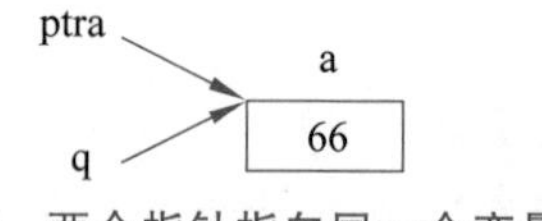

图 9.3 两个指针指向同一个变量

程序运行结果如下:

```
*ptra=66
*q=66
```

9.2.3 指针的算术运算

指针的算术运算主要是指针变量的加法和减法运算,常见的是指针变量加上或减去一个整数,实现指针的移动。

例 9.3 指针变量的运算。

```
#include<stdio.h>
main(){
    int a, *ptra=&a;
    printf("ptra 指向的地址: %x\n",ptra);
    printf("ptra+1 指向的地址: %x\n",ptra+1);
    printf("ptra-2 指向的地址: %x\n",ptra-2);
}
```

程序运行的结果如下：

```
ptra 指向的地址: 60fef8
ptra+1 指向的地址: 60fefc
ptra-2 指向的地址: 60fef0
```

内存情况如图 9.4 所示。

从图 9.4 可知，当整型指针 ptra 加 1 时，其结果依然是一个地址，但指向的位置是指针 ptra 所指向地址增加 4 字节后的地址，即跳过一个整型数据的空间；当指针 ptra 减 2 时得到的地址是指针 ptra 指向地址减少了 8 字节后的地址，即跳过两个整型数据的空间。同理，如果有一个指向双精度浮点型指针 q，则 q+1 指向 q 指针指向地址加 8 字节的位置，即跳过一个双精度浮点型数据的存储空间，而 q−1 指向 q 指针指向地址减 8 字节的位置，即跳过一个双精度浮点型数据的存储空间，如图 9.5 所示，图中每个单元代表一个双精度浮点型数据的存储空间(8 字节)。

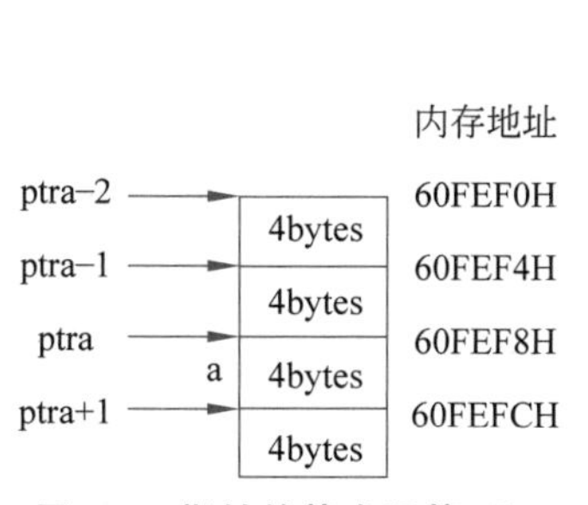

图 9.4　指针的算术运算(Ⅰ)

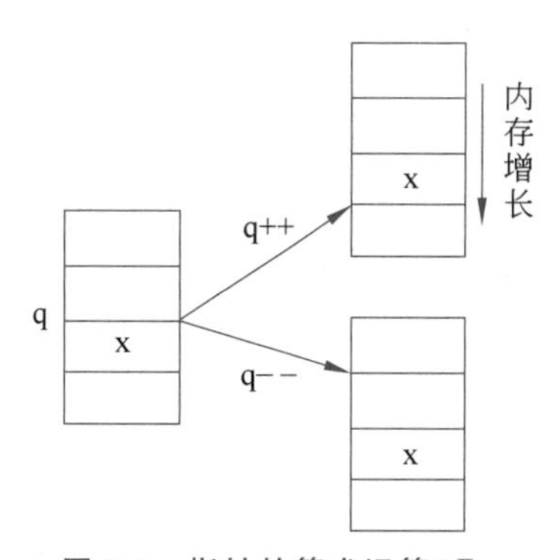

图 9.5　指针的算术运算(Ⅱ)

由于指针变量存储的是所指向变量的地址，因此可以利用指针的减法运算计算出指针之间存储单元的数量。

例 9.4　计算指针之间的距离。

```
#include<stdio.h>
main(){
    int a, *p=&a;
    int *q;
    q=p+3;
    printf("p 指向的地址: %x\n",p);
    printf("q 指向的地址: %x\n",q);
    printf("p 与 q 的相对距离: %d\n",p-q);
}
```

程序运行结果如下：

```
p指向的地址: 60fef4
q指向的地址: 60ff00
p与q的相对距离: -3
```

9.2.4 指针的比较运算

指针变量之间可以通过比较运算来判断多个指针是否指向同一个存储单元，或者判断指针之间的相对位置关系。

例 9.5 指针比较。

```
#include<stdio.h>
main(){
    int a, *p=&a;
    int *q;
    q=p+3;
    if(q>p)
        printf("q指针在p指针的后面,距离为%d个整型数据\n",q-p);
    q--;
    q=q-2;
    if(q==p)
        printf("q指针与p指针指向同一个地址\n");
}
```

程序的运行结果为：

```
q指针在p指针的后面,距离为3个整型数据
q指针与p指针指向同一个地址
```

9.3 通用指针

通用指针是一种特殊指针，称为无类型指针，用void来定义。通用指针可以指向任意类型的数据。在间接访问通用指针所指向的数据时，需要进行数据类型强制转换。

例 9.6 通用指针的使用。

```
#include<stdio.h>
main(){
    int a=66;
    double b=1.2;
    void *p_void;
    p_void=&a;
    printf("*p_void=%d,a=%d\n", *(int*)p_void,a);
    p_void=&b;
    printf("*p_void=%lf,b=%lf\n", *(double*)p_void,b);
}
```

程序运行的结果为：

```
*p_void=66,a=66
*p_void=1.200000,b=1.200000
```

本例中通用指针先后指向了整型数据和双精度浮点型数据，这是一种非常灵活的使用方式。需要注意的是在用通用指针访问变量时，需要进行强制类型转换。如访问变量 a 的值时，需要进行类型强制转换 *(int *)p_void。

9.4 数组与指针

9.4.1 一维数组与指针

一维数组与指针

在 C 语言中，一维数组的数组名表示的是数组第一个元素的地址，称之为一维数组的首地址。当指针 p 指向数组 a 的首地址时，可以用 *(p+i)和 p[i]这两种形式直接访问数组的第 i 个元素 a[i]。对于数组 a，数组名 a 是一个常量指针，指向数组的首地址，所以，a+i 是指向第 i 个元素 a[i]的指针，间接访问运算 *(a+i)可以访问 a[i]。

例 9.7　用指针访问一维数组。

```
#include<stdio.h>
main(){
    int a[6]={1,2,3,4,5,6};
    int *p=a;
    int i;
    for(i=0;i<6;i++){
        printf("a[%d]=%d,",i,a[i]);
        printf("*(a+%d)=%d,",i,*(a+i));
        printf("p[%d]=%d,",i,p[i]);
        printf("*(p+%d)=%d\n",i,*(p+i));
    }
}
```

程序运行结果为：

```
a[0]=1,*(a+0)=1,p[0]=1,*(p+0)=1
a[1]=2,*(a+1)=2,p[1]=2,*(p+1)=2
a[2]=3,*(a+2)=3,p[2]=3,*(p+2)=3
a[3]=4,*(a+3)=4,p[3]=4,*(p+3)=4
a[4]=5,*(a+4)=5,p[4]=5,*(p+4)=5
a[5]=6,*(a+5)=6,p[5]=6,*(p+5)=6
```

例 9.7 结果可用图 9.6 进行表示。

同时，也可以通过移动指向数组的指针来实现对数组的访问。虽然数组名是指向数组首地址的指针，但因为该指针是常量指针，不能被修改，所以需要定义一个指针指向数组的首地址，然后对该指针进行自增(++)和自减(--)运算来移动指针。

指针	值	元素
p, a	1	a[0], p[0]
p+1, a+1	2	a[1], p[1]
p+2, a+2	3	a[2], p[2]
p+3, a+3	4	a[3], p[3]
p+4, a+4	5	a[4], p[4]
p+5, a+5	6	a[5], p[5]

图 9.6 利用指针访问数组元素

例 9.8 利用指针移动访问数组。

```
#include<stdio.h>
main(){
    int a[6]={1,2,3,4,5,6};
    int *p, *q;
    for(p=a;p<a+6;p++){
        printf("%d  ", *p);
    }
    printf("\n");
    for(q=a+5;q>=a;q--){
        printf("%d  ", *q);
    }
    printf("\n");
    q=&a[2];
    *q=88;
    printf("*q=%d,a[2]=%d ", *q,a[2]);
}
```

程序的运行结果为：

```
1  2  3  4  5  6
6  5  4  3  2  1
*q=88,a[2]=88
```

9.4.2 二维数组与指针

二维数组是一维数组的一维数组，在内存中采用行优先的方式进行线性存储。对于一个二维数组 a[4][5]，数组名 a 是这个数组的首地址，即 a 等价于 &a[0]，a+1 等价于 &a[1]，以此类推。因为 a[0]是该二维数组的第一行，有 5 个同类型的数据，可以看成一个一维数组，其元素分别为 a[0][0]到 a[0][4]。a[0]是该一维数组的首地址，即 a[0]等价于 &a[0][0]，a[0]+1 等价于 &a[0][1]，其他行同理，具体逻辑如图 9.7 所示。

对于二维数组的任意元素 a[i][j]可以表示为 *(*(a+i)+j)。定义指针 p=&a[0][0]，让 p 指向二维数组的第一个元素，则对于二维数组任意元素 a[i][j]，可以通过 *(p+i*5+j)进行访问。

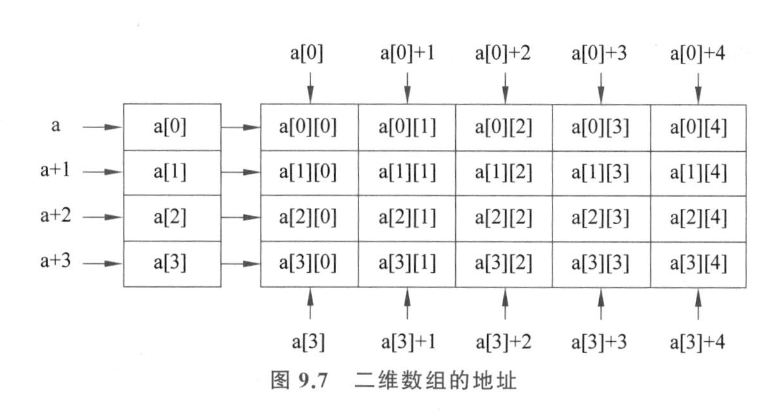

图 9.7　二维数组的地址

例 9.9　利用指针访问二维数组。

```
#include<stdio.h>
main(){
    int a[4][5]={{1,2,3,4,5},{6,7,8,9,10},{11,12,13,14,15},{16,17,18,19,20}};
    int *p;
    int i,j;
    p=&a[0][0];
    printf("使用*(*(a+i)+j)访问二维数组元素:\n");
    for(i=0;i<4;i++){
        for(j=0;j<5;j++){
            printf("%d  ",*(*(a+i)+j));
        }
        printf("\n");
    }
    printf("使用指向一个数组元素的指针 p 访问二维数组元素:\n");
    for(i=0;i<4;i++){
        for(j=0;j<5;j++){
            printf("%d  ",*(p+i*5+j));
        }
        printf("\n");
    }
}
```

程序的运行结果为:

```
使用*(*(a+i)+j)访问二维数组元素:
1  2  3  4  5
6  7  8  9  10
11  12  13  14  15
16  17  18  19  20
使用指向一个数组元素的指针 p 访问二维数组元素:
1  2  3  4  5
6  7  8  9  10
11  12  13  14  15
16  17  18  19  20
```

数组指针是一种指向二维数组中行的指针,其定义语法为:

```
数据类型说明符 (*指针变量名)[一维数组元素个数]
```

例如：int (*p)[5]定义了一个指向5个元素的整型数组的指针，指针p指向二维数组中每行代表的一维数组。对于二维数组a，使用p=a进行初始化，此时p指向二维数组的a[0]行，而p+1指向二维数组的第a[1]行，对于二维数组的任意元素a[i][j]可以表示为*(*(p+i)+j)或p[i][j]。

例 9.10 利用数组指针访问二维数组。

```
#include<stdio.h>
main(){
    int a[4][5]={{1,2,3,4,5},{6,7,8,9,10},{11,12,13,14,15},{16,17,18,19,20}};
    int (*p)[5];
    int i,j;
    p=a;
    printf("使用*(*(p+i)+j)访问二维数组元素: \n");
    for(i=0;i<4;i++){
        for(j=0;j<5;j++){
            printf("%d  ",*(*(p+i)+j));
        }
        printf("\n");
    }
    printf("使用 p[i][j]访问二维数组元素: \n");
    for(i=0;i<4;i++){
        for(j=0;j<5;j++){
            printf("%d  ",p[i][j]);
        }
        printf("\n");
    }
}
```

程序运行结果如下：

```
使用*(*(p+i)+j)访问二维数组元素:
1  2  3  4  5
6  7  8  9  10
11  12  13  14  15
16  17  18  19  20
使用 p[i][j]访问二维数组元素:
1  2  3  4  5
6  7  8  9  10
11  12  13  14  15
16  17  18  19  20
```

9.5 指针与字符串

字符串本质上是一维字符数组，同样可以利用指针按照一维数组的方式进行访问。

例 9.11 用指针访问字符串。

```
#include<stdio.h>
main(){
    char a[6]="Hello";
    char b='!';
    char * p, * q;
    int i;
    p=a;
    q=&b;
    for (i=0;i<6;i++)
        printf("%c", * (p+i));
    printf("%c\n", * q);
}
```

程序的运行结果为：

```
Hello !
```

在 C 语言中，字符串除了可以存储在一个字符数组中外，还可以直接用一个字符指针指向一个字符串常数，如 p="World"。

下面的代码给出了利用字符指针操作字符串的常见形式。

```
#include<stdio.h>
main(){
    char a[6]="Hello";
    char * p=a, * q="World";
    char * r;
    r="!!!";
    printf("%s %s %s",p,q,r);
}
```

程序运行结果为：

```
Hello World !!!
```

因为指针可以通过算术运算来移动指针，所以用指针来操作字符串会比用字符数组更加灵活。

例 9.12　利用指针操作字符串。

```
#include<stdio.h>
main(){
    char a[6]="Hello";
    char * p=a, * q="World";
    char * r;
    int i;
    r="!!!";
    for (i=0;i<6;i++)
        printf("%s\n",p+i);
    while( * q!='\0')
        printf("%s\n",q++);
    printf("%s",r);
}
```

程序的运行结果为：

```
Hello
ello
llo
lo
o

World
orld
rld
ld
d
!!!
```

指针数组

9.6 指针数组

指针数组是存储指针的数组，定义形式为：

```
数据类型说明符 *指针数组名[数组元素个数]
```

例如：int *p[3]，该语句定义了一个指针数组 p，其中的 3 个元素 p[0]、p[1]、p[2] 均为整型指针，可以分别指向一个整型数据。

例 9.13 指针数组的应用。

```
#include<stdio.h>
main(){
    int *p[3];
    int a=6,b=7,c=8;
    p[0]=&a;
    p[1]=&b;
    p[2]=&c;
    printf("%d", *p[0]*100+ *p[1]*10+ *p[2]);
}
```

程序运行结果为：

```
678
```

指针数组可以和字符串结合实现字符串的存储和处理。

例 9.14 指针数组和字符串。

```
#include<stdio.h>
main(){
    char *p[3]={"Hello","World","!!!"};
    int i;
    for(i=0;i<3;i++)
```

```
        printf("%s ",p[i]);
    printf("\n");
    p[1]="China";
    for(i=0;i<3;i++)
        printf("%s ",p[i]);
    printf("\n");
}
```

程序运行结果为：

```
Hello World !!!
Hello China !!!
```

程序中指针数组 p 的存储情况如图 9.8 所示。

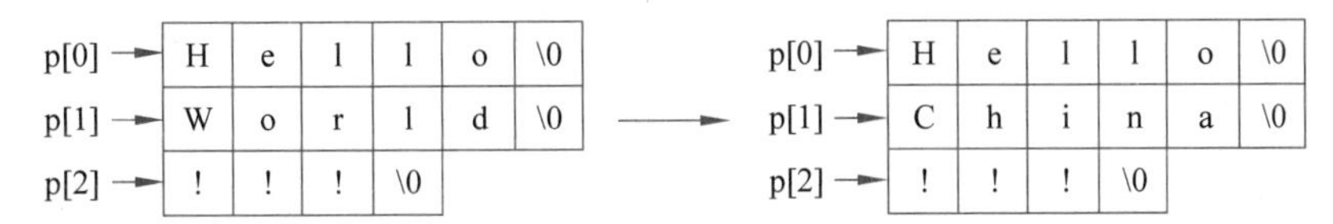

图 9.8　指针数组示例

例 9.15　给一组书籍名字按字典序升序排序。

字典序排序是指按照字母表的顺序对字符串进行排序。在字典序排序中，字符串的每个字符依次比较，直到找到第一个不同的字符为止。

string.h 头文件中的 strcmp(char * s1,char * s2)返回字符串 s1 和 s2 的字典序的比较结果，分别用-1、0、1 表示 s1＜s2、s1＝＝s2、s1＞s2。要对字符串进行排序，只需要在冒泡排序算法中将两个整数的比较换成字符串的比较即可。

代码如下：

```
#include <stdio.h>
#include <stdlib.h>
#include <string.h>

int main(){
    char * book_name[10] = {
        "C programming","Data Structure","Algorithm Design",
        "Operating System","Java Programming","Software Engineering",
        "Java EE Framework","Software Testing","Deep Learning",
        "Machine Learning"
    };
    char * tmp;
    for(int i = 0; i < 10; i ++){
        for(int j = 0; j < 10 - i - 1; j ++){
            if(strcmp(book_name[j],book_name[j + 1]) > 0){
                tmp = book_name[j];
                book_name[j] = book_name[j + 1];
                book_name[j + 1] = tmp;
```

```
            }
        }
    }
    printf("The book list arranged in ascending order is as follows:\n");
    for(int i = 0; i < 10; i ++){
        printf("%s\n",book_name[i]);
    }
    return 0;
}
```

排序结果：

```
The book list arranged in ascending order is as follows:
Algorithm Design
C programming
Data Structure
Deep Learning
Java EE Framework
Java Programming
Machine Learning
Operating System
Software Engineering
Software Testing
```

9.7 指针与函数

函数是C语言的基本程序单元，是所有程序的基础，将指针和函数相结合可以提升程序的可维护性和可扩展性。

9.7.1 指针作为函数参数

C语言中，定义函数的参数除了是普通变量或数组外，还可以是指针变量。与值类型变量不同的是指针变量传递是一个内存地址，称为传址调用。在传址调用中，形参和实参都指向同一个内存地址，因此，修改形参的量会改变实参的量。

例 9.16 交换两个变量的值。

```
#include<stdio.h>

swap(int *x,int *y){
    int *t;
    t=x;
    x=y;
    y=t;
}

main(){
```

```
    int a=66,b=88;
    printf("调用 swap 前: ");
    printf("a=%d,b=%d\n",a,b);
    swap(&a,&b);        //因为 swap 的形参是指针,所以实参应该是指针或地址
    printf("调用 swap 后: ");
    printf("a=%d,b=%d\n",a,b);
}
```

程序运行结果如下：

```
调用 swap 前: a=66,b=88
调用 swap 后: a=66,b=88
```

swap()函数没有实现实参变量的数据交换,原因是 swap()函数中只是交换了两个形参指针的指向,实参对应地址存储的数据并不会发生变化,如图 9.9 所示。

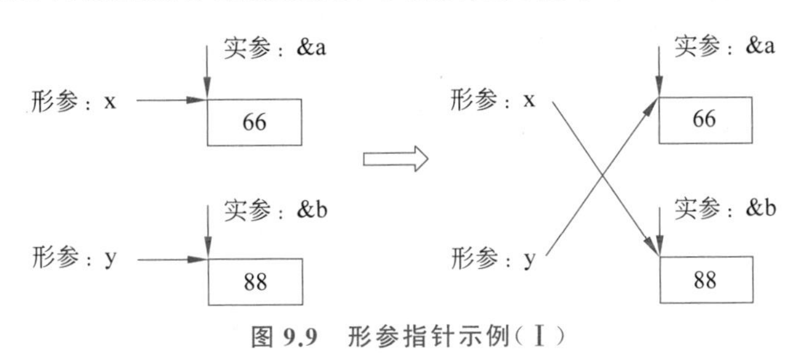

图 9.9　形参指针示例(Ⅰ)

从图 9.9 可知,要到达交换的目的,需要交换 &a 和 &b 两个实参对应地址存储的数据。在 swap()函数中,形参指针 x 和 y 指向这两个地址,所以,需要交换这两个指针指向存储单元的数据。

修改代码如下：

```
#include<stdio.h>

swap(int *x,int *y){
    int t;
    t=*x;
    *x=*y;
    *y=t;
}

main(){
    int a=66,b=88;
    printf("调用 swap 前: ");
    printf("a=%d,b=%d\n",a,b);
    swap(&a,&b);        //因为 swap 的形参是指针,所以实参应该是指针或地址
    printf("调用 swap 后: ");
    printf("a=%d,b=%d\n",a,b);
}
```

程序运行结果如下：

```
调用 swap 前: a=66,b=88
调用 swap 后: a=88,b=66
```

从结果可知,修改的程序达到了交换的目的,调用过程形参和实参的变化如图 9.10 所示。

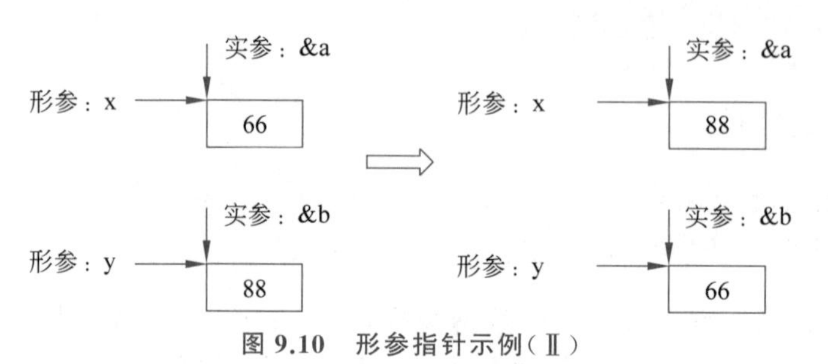

图 9.10　形参指针示例(Ⅱ)

当指针指向数组时,可以通过指针进行数组的传递。

例 9.17　计算字符串的长度。

利用递归进行求解,思路如图 9.11 所示。

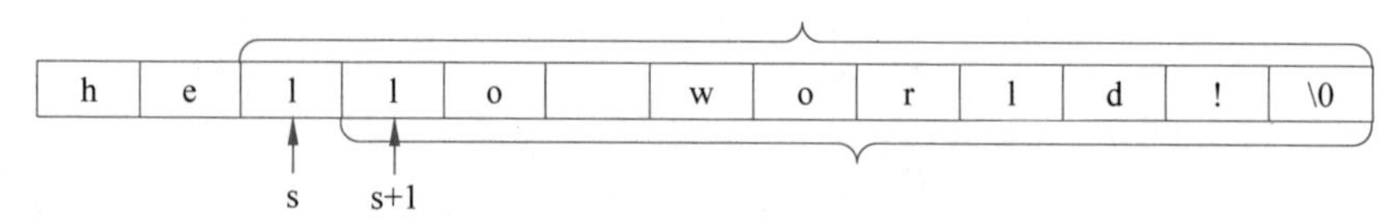

图 9.11　递归求字符串长度思路

从图 9.11 可知,求以 s 开头的字符串的长度可以转化为求以 s+1 开头的字符串的长度,字符串的长度变短,最终可以通过判断 s 所指向的字符是否为'\0'结束递归,代码如下:

```
#include <stdio.h>
#include <stdlib.h>

//计算长度为 len 的字符串
int str_len(char * s){
    if(* s == '\0'){
        return 0;
    }
    return 1 + str_len(++s);      //计算长度为 len-1 的字符串
}

int main(){
    char * s = "hello world!";
    int len = str_len(s);
    printf("string length:%d\n",len);
    return 0;
}
```

程序的运行结果为:

```
string length:12
```

9.7.2 指针作为函数返回值

指针变量可以作为函数的返回值,其定义形式为:

```
数据类型说明符 *函数名(形参列表)
```

例如:语句 double * triangle_area(double a,double b,double c)定义了一个返回值为 double 指针的函数。

例 9.18　函数返回类型为指针类型。

```
#include<stdio.h>
#include<math.h>

double * triangle_area(double a,double b,double c){
    double p,area, * s=&area;
    p=(a+b+c)/2;
    * s=sqrt(p * (p-a) * (p-b) * (p-c));
    return s;
}

main(){
    double * result;
    result =triangle_area(3,4,5);
    printf("三角形面积为: %lf", * result);
}
```

程序运行结果为:

```
三角形面积为: 6.000000
```

程序中函数 triangle_area()并没有直接返回 &area,因为 area 是该函数的局部变量,当函数执行完成后,其空间会被释放,局部变量的内存也就被回收了。一种安全的做法是使用静态变量(或数组、指针),因为它们的空间在函数结束后不会被释放。例如:

```
#include<stdio.h>
#define MaxSize 10

char * get_string(){
    static char a[MaxSize]={0};
    printf("请输入一个字符串: ");
    gets(a);
    return a;
}

main(){
    char * str;
    str=get_string();
    printf("输入的字符串为: %s",str);
}
```

程序运行结果为：

```
请输入一个字符串：Hello world!!!
输入的字符串为：Hello world!!!
```

程序中数组被 static 修饰，在函数调用结束后数组的内存不会被释放，因此返回的指针继续指向数据存储的位置。

函数指针

9.7.3 函数指针

函数指针是一类特殊的指针，用来指向一个函数的地址，定义的形式如下：

```
数据类型说明符 (* 指针变量名)(形参数据类型列表)
```

定义函数指针时函数的返回类型和形参列表应该与函数指针定义相同。

例 9.19 利用函数指针调用函数。

```
#include <stdio.h>

int add(int x,int y){
    return x+y;
}
main(){
    int a=10,b=20,sum;
    int (*fp)(int,int);                //定义函数指针 fp
    fp=add;                            //函数指针 fp 指向 add()函数
    sum=fp(a,b);                       //使用函数指针 fp 指向 add()函数
    printf("%d+%d=%d",a,b,sum);
}
```

程序运行结果为：

```
10+20=30
```

程序中 fp 即为函数指针，指向 add()函数，在定义函数指针时，可以只说明形参的类型，并不需要定义形参的名称。函数指针的使用使得程序可以根据具体情况决定调用的函数，提高了程序的可扩展性。

例 9.20 函数回调。

```
#include <stdio.h>
#define PI 3.14159265

double circumference(int r){           //求半径为 r 的圆周长
    return 2*PI*r;
}

double circular_area(int r){           //求半径为 r 的圆面积
    return PI*r*r;
```

```
}
double ball_volume(int r){                              //求半径为 r 的球体积
    return 4 * PI * r * r * r/3;
}
double result(double (* funcptr)(int),int r){     //函数回调
    return (* funcptr)(r);
}
int main(){
    int r;
    printf("请输入半径: \n");
    scanf("%d",&r);
    printf("半径为%d 的圆周长为: %lf\n",r,result(circumference,r));
    printf("半径为%d 的圆面积为: %lf\n",r,result(circular_area,r));
    printf("半径为%d 的球体积为: %lf\n",r,result(ball_volume,r));
    return 0;
}
```

程序的运行结果为：

```
请输入半径:
1
半径为 1 的圆周长为: 6.283185
半径为 1 的圆面积为: 3.141593
半径为 1 的球体积为: 4.188790
```

程序中 result()函数的第一个参数是一个函数指针 double (* funcptr)(int)，规定了能够作为参数传入的函数的返回类型和参数类型。同时，程序中定义的函数 circumference()、circular_area()和 ball_volume()，它们的返回类型、参数类型与函数指针的要求一致，使得利用 result()函数调用不同函数成为可能。

下面将例 9.20 进行修改，使用函数指针数组来提高函数的可扩展性，代码如下：

```
#include <stdio.h>
#define PI 3.14159265

double circumference(int r){
    return 2 * PI * r;
}

double circular_area(int r){
    return PI * r * r;
}

double ball_volume(int r){
    return 4 * PI * r * r * r/3;
}

int main(){
    int r;
    int i;
```

```
    //定义函数指针数组
    double (*funcptr[3])(int)={circumference, circular_area,ball_volume};
    printf("请输入半径: \n");
    scanf("%d",&r);
    printf("求圆周长请输入——0\n");
    printf("求圆周长请输入——1\n");
    printf("求圆周长请输入——2\n");
    scanf("%d",&i);
    switch(i){
        case 0:
            printf("半径为%d的圆周长为: %lf\n",r,funcptr[0](r));
            break;
        case 1:
            printf("半径为%d的圆面积为: %lf\n",r,funcptr[1](r));
            break;
        case 2:
            printf("半径为%d的球体积为: %lf\n",r,funcptr[2](r));
            break;
    }
    return 0;
}
```

程序的运行效果示例如下：

```
请输入半径:
2
求圆周长请输入——0
求圆周长请输入——1
求圆周长请输入——2
1
半径为2的圆面积为: 12.566371
```

9.8　const 指针

C语言中的关键字const用于定义常量以保护数据不会被改变,从而提高程序的安全性和可靠性。

1. 常量化指针变量

常量化指针变量是指将定义的指针变量初始化为一个常量,初始化后该指针的指向不允许改变。

常量化指针变量的一般语法形式为：

```
数据类型说明符 *const 指针变量名[=初值]
```

例如：

```
int a=66, b=88;
int *const p=&a;
```

代码中定义的 p 即为常量化指针变量，被初始化为指向变量 a 的地址，该指向不允许被改变。如在上述定义基础上试图修改指针 p 指向变量 b(如 p=&b)是非法的，但通过间接引用来修改指针 p 指向变量的值(如 * p=88) 是合法的。

2. 常量化指针目标表达式

常量化指针目标表达式是指定义的指针不允许通过间接引用来修改所指向地址的数据值，一般语法形式为：

```
const 数据类型说明符 * 指针变量名[=初值]
```

例如：

```
int a=66, b=88;
const int * p=&a;
```

上述代码中定义的指针 p 初始化指向了变量 a 的地址，试图用 * p 修改变量 a 的值(如 * p=88 或(* p)++)都是非法的，但修改指针 p 的指向(如 p=&b)是合法的。

3. 常量化指针变量及其目标表达式

常量化指针变量及其目标表达式是指将前两种情况结合起来，既不允许修改指针的指向也不允许指针通过间接引用来修改所指向地址的数据值。

常量化指针变量及其目标表达式的一般语法形式为：

```
const 数据类型说明符 * const 指针变量名[=初值]
```

例如：

```
int a=66, b=88;
const int * const p=&a;
```

上述代码中定义的指针 p 初始化指向了变量 a 的地址，根据语法，试图修改指针 p 的指向(如 p=&b)是非法的，或者试图用 * p 修改变量 a 的值(如 * p=88 或(* p)++)也是非法的。上述 3 种情况均是对指针变量的限制(不允许指针指向或不允许使用指针的间接引用修改指向地址的数据)，并没有限制直接修改变量的值。

9.9　动态内存分配

在利用 C 语言定义数组时，数组一旦被定义，其存储空间就不能被修改，所占内存空间也被预先分配，这种方式称为静态内存分配方法。在实际应用中，内存需要根据问题的需求进行动态分配。为了更好地适应问题的要求，C 语言提供了内存动态分配的方法，允许编程者在代码中根据需要申请使用的内存、改变占用内存的大小或释放占用已经申请的内存。

内存动态分配和管理的主要函数为 malloc()、calloc()、realloc()和 free()，具体描述如下。

1. malloc()函数

malloc()函数用来在内存的动态存储区(堆区)中分配一段指定长度的连续空间。其函

数原型为:

```
void * malloc(unsigned int size)
```

该函数用于申请size字节的内存空间,并返回所分配内存的首地址。返回值是一个无类型的指针,需要根据具体的存储类型进行强制转换。例如,利用malloc(100)申请100字节的动态连续存储空间,返回值为这段内存的首地址,如果申请失败,或没有足够大小的连续空间,则函数返回空指针NULL或0。

以申请存储n个整型数据的空间为例,编程时并不需要先提前计算所需的字节数,而是利用C语言的sizeof()计算指定数据类型所占的字节数,关键语句如下所示:

```
int * p=(int *) malloc(n * sizeof(int))
```

例9.21 冒泡排序。

```
#include<stdio.h>
#include<malloc.h>

bubble_sort(int * p,int n){
    int i,j;
    int t;
    for(i=0;i<n-1;i++){
        for(j=0;j<n-i-1;j++){
            if(* (p+j) > * (p+j+1)){
                t= * (p+j);
                * (p+j) = * (p+j+1);
                * (p+j+1)=t;
            }
        }
    }
}

main(){
    int n, * a;
    int i;
    printf("请输入整数序列元素个数: ");
    scanf("%d",&n);
    a=(int *)malloc(n * sizeof(int));      //申请n个整数的动态存储空间
    printf("请输入%d个整数:\n",n);
    for(i=0;i<n;i++)
        scanf("%d",a+i);
    bubble_sort(a,n);
    printf("排序后的序列: ");
    for(i=0;i<n;i++)
        printf("%d ", * (a+i));
    printf("\n");
    free(a);                               //释放用malloc申请的动态内存
}
```

程序的运行效果如下:

当待排序的整数个数为6时:

```
请输入整数序列元素个数：6
请输入 6 个整数：
28 78 90 0 -3 2
排序后的序列：-3 0 2 28 78 90
```

当待排序的整数个数为 8 时：

```
请输入整数序列元素个数：8
请输入 8 个整数：
23 87 67 5 -9 -23 8 9
排序后的序列：-23 -9 5 8 9 23 67 87
```

程序中 free(a)是用来释放由 malloc()分配的内存空间的，可以防止内存泄漏，保证程序运行的稳定性和安全性。

2. calloc()函数

calloc()函数的功能和 malloc()函数基本是一样的，但参数形式不同，其函数原型为：

```
void * calloc(unsigned int n, unsigned int size)
```

该函数的两个参数用来确定申请的动态存储空间的大小，即为 n * size 字节，如 calloc(10,10)可以申请 100 字节的连续动态存储空间。该函数的返回值为申请的内存空间的首地址。用 calloc()申请空间时，会将申请的空间全部初始化为 0，而 malloc()函数不会。

例 9.21 使用冒泡排序算法对一个任意长度的整数序列进行排序的例子，将程序中的语句：

```
a=(int *)malloc(n*sizeof(int));
```

修改为：

```
a=(int *)calloc(n, sizeof(int));
```

其执行效果是完全一样的。

3. realloc()函数

realloc()函数可以用来改变已分配的动态存储空间的大小，其函数原型为：

```
void * realloc(void * ptr, unsigned int size)
```

该函数的功能是将第一个参数 ptr 指针所指向的动态存储空间重新分配为大小为 size 的动态存储空间。如果新分配的空间长度大于原空间的长度，则保留原空间已有的数据，新增加的空间数据不确定；如果新分配的空间长度小于原空间的长度，则有效长度内存储空间的数据保持不变。

将冒泡排序算法进行改进，使得算法在一次执行的过程中可以处理两个任意长度的整数序列。

```
#include<stdio.h>
#include<malloc.h>

bubble_sort(int *p,int n) {
    //代码同上,略;
}

main(){
    int n, *a;
    int i;
    printf("请输入第一个整数序列元素个数: ");
    scanf("%d",&n);
    a=(int *)calloc(n, sizeof(int));;  //申请 n 个整数的动态存储空间
    printf("请输入%d 个整数:\n",n);
    for(i=0;i<n;i++)
        scanf("%d",a+i);
    bubble_sort(a,n);
    printf("排序后的序列: ");
    for(i=0;i<n;i++)
        printf("%d ",*(a+i));
    printf("\n\n");
    printf("请输入第二个整数序列元素个数: ");
    scanf("%d",&n);
    //根据第二次输入的整数个数分配动态内存空间
    a=(int *)realloc((void *)a,n*sizeof(int));
    printf("请输入%d 个整数:\n",n);
    for(i=0;i<n;i++)
        scanf("%d",a+i);
    bubble_sort(a,n);
    printf("排序后的序列: ");
    for(i=0;i<n;i++)
        printf("%d ",*(a+i));
    printf("\n\n");
    free(a);
}
```

程序运行效果如下：

```
请输入第一个整数序列元素个数: 4
请输入 4 个整数:
73 9 0 -3
排序后的序列: -3 0 9 73

请输入第二个整数序列元素个数: 6
请输入 6 个整数:
89 -12 2 9 87 3
排序后的序列: -12 2 3 9 87 89
```

4. free()函数

free()函数用来释放由 malloc()、calloc()和 realloc()等函数申请的动态存储空间,其

函数原型为：

```
void free(void * ptr)
```

其参数 ptr 为指向已申请的动态内存空间首地址的指针，该函数没有返回值。

特别值得注意的是，一旦申请了动态存储空间，使用完以后用 free()函数释放空间是必要的，否则可能会导致内存泄漏。

9.10 内存组织方式

C 语言在编译运行程序的时候将内存按照如下 5 种方式进行组织，以保障各类数据或代码的存储。

1. 栈区

栈区主要用于存储局部变量、函数的参数和返回地址等。每当函数被调用时，编译系统会根据需要在栈区自动为这些数据分配一块存储空间，当函数执行完成后，其对应的存储空间会被自动回收。

栈区的大小通常是由操作系统或编译器决定的，不同的操作系统或编译器分配栈区的内存空间可能是不同的，同时，栈区的大小本身也是有限的，这就需要程序员在有些大型数据处理或有深层次函数调用（如递归调用）时谨慎使用，防止栈溢出的安全漏洞的出现。

2. 堆区

堆区主要用于动态内存分配，即在程序中程序员可以通过使用 malloc()、calloc()、realloc()和 free()等函数进行管理的空间。程序员可以在程序运行时在堆区分配指定大小的内存来存储数据。一般堆区的空间比栈区大很多，但是其分配和释放速度比栈区慢。

程序员需要自己管理堆区中的内存，包括分配和释放。如果已经分配的内存在使用完后未被正确释放，可能会导致内存泄漏；如果释放了未分配的内存或者重复释放同一块内存，会导致未定义行为，所以程序员在使用堆区进行动态内存分配的时候需要非常谨慎。

3. 静态区

静态区，也被称为全局存储区，主要用于存储程序中的全局变量和静态变量。静态区的生命周期与程序的运行周期相同，即从程序开始运行到程序结束。在程序编译时就确定了静态区的大小，全局变量和静态变量在此时即被分配在静态区以及被初始化，并且在程序运行期间一直存在，直到程序结束这段内存才会被释放。

4. 常量区

常量区主要用于存储程序中定义的常量。常量区的生命周期与程序的运行周期相同，在程序编译的时候即被确定大小及分配常量的存储。程序运行期间，常量区是只读的，其中的数据不允许修改，直到程序运行结束该段内存才会被释放。常量区的大小是有限的，程序员不应在程序设计中无限制地定义常量。

5. 代码区

代码区主要用于存储运行（或待运行）程序的二进制代码。代码区的生命周期与程序的运行周期相同，在程序编译的时候即被确定大小及分配，程序运行期间，代码区是只读的，以防止程序指令意外被修改，直到程序运行结束该段内存才会被释放。

例 9.22 分析下面代码中各种数据的存储区域。

```
#include <stdio.h>
#include <malloc.h>
#include <string.h>
int a=0;                                    //全局变量 a,分配在静态区
char * p="求圆面积";                         //全局指针变量 p,分配在静态区
double area(int r){                         //函数形参 r,分配在栈区
    const double PI=3.14159265;             //常量 PI,分配在常量区
    double s;                               //局部变量 s,分配在栈区
    s=PI * r * r;
    return s;
}

main(){
    int r=5;                                //局部变量 r,分配在栈区
    char * q;                               //局部指针变量为初始化,暂时不确定分配空间
    int a[]={10,20,30};                     //局部数组,分配在栈区
    static int x=0;                         //静态变量,分配在静态区
    //堆区分配 50 字节的空间,q 指向该空间首地址
    q=(char *)malloc(50 * sizeof(char));
    strcpy(q,p);
    printf("%s\n",q);
    printf("半径为%d 的圆面积为%lf", r,area(r));
}
```

例 9.22 的程序中通过注释描述了各个数据在程序运行过程中被分配的区域。另外,程序被编译成二进制代码后,二进制代码会存储在代码区。

在 C 语言程序设计中,合理正确地管理和使用内存是非常重要的。如果程序员不正确地管理内存,可能会导致各种问题,如内存泄漏、野指针、非法访问等。为了防止这些问题,程序员应该注意以下几点:

(1) 避免使用全局变量来存储程序的状态。

(2) 定义指针后应该尽可能给其指定地址,避免成为野指针。

(3) 尽可能使用常量来初始化指针。

(4) 在释放内存后,应该立即将指针设为空。

(5) 在使用动态内存分配时,应该始终检查返回值是否为空。

(6) 能够使用栈区存储的数据尽可能使用栈区而不是堆区。

(7) 在大型项目中,应该使用智能指针或者 RAII 技术来管理内存。

通过深入了解 C 语言的内存管理机制,合理正确地管理和使用内存可以使得程序员编写出更高效、更安全的代码。

9.11 能力拓展

综合设计:命令行下菜单组件的设计与实现

菜单 UI(User Interface)组件是人机交互的重要界面元素,用户通过单击窗口的菜单选

项向软件系统发出命令，软件系统做出响应。目前，我们的工作界面是命令行窗口，只能通过输入进行菜单功能选择，并输入相应的命令参数进行函数调用。

本示例设计一个命令行菜单 UI，提供 5 个选项：

(1) 新建文件(N)。

(2) 保存文件(S)。

(3) 查找(F)。

(4) 表达式括号是否匹配判断(M)。

(5) 退出(E)。

每个命令后面括号中的字符是快捷键，通过输入快捷键实现功能调用。如果用选择结构将菜单消息处理流程写成分支结构的硬编码，则当菜单设计有明显变化时，整个菜单消息处理函数几乎要重写，代码重用程度低。

为此，特设计一个用于菜单设计的头文件“menu.h”，在头文件中将所有与菜单命令解析、菜单功能执行相关的变量、函数进行封装，用户在使用时仅需要对该文件进行少量改动即可适用于自己的项目。

因为本设计不使用分支选择结构，所以考虑使用指向函数的指针，将函数地址放在数组中，并与快捷键消息进行映射。使用指向函数的指针要求所有消息响应函数具有相同的函数签名(function signature)，即相同的参数列表、相同的返回类型，这需要对相关函数进行抽象，实现形式上的统一。

1. 函数签名的统一及菜单驱动函数设计

新建、保存文件需要完整的文件名称(包括目录和文件名)，无返回；查找需要传入两个字符串，并返回一个字符串在另一个字符串中的位置；表达式括号判断需要输入一个表达式字符串，并返回格式是否正确的判断结果。

显然这些函数的签名都不相同，需要设计统一的函数签名，参考下面的消息相应函数设计。

```
char * on_new_file(char * cmd);         //建立新文件
char * on_save_file(char * cmd);        //保存文件
char * on_find_str(char * cmd);         //查找一个字符串在另一个字符串的位置
char * on_expr_validate(char * cmd);    //校验算术表达式括号是否匹配
```

该设计将函数所需的参数以一个字符串传入，并返回一个字符串进行响应。如果没有具体返回结果的函数，则返回一个标识函数执行状态的字符串。对于不同的函数，其参数通过特定格式进行组装，在响应的函数中进行解析，形成所需的参数列表。

然后将快捷键与函数按如下方式进行映射：

```
#define FUNS 10
//目录中给定的快捷键
char choice[FUNS] = {'N','S','V','F'};
//指向函数的指针数组,与快捷键一一对应
char * (* p[FUNS])(char *) = {on_new_file,on_save_file,
                              on_expr_validate,on_find_str};
```

在此基础上可以编写如下消息分发函数,其中 sel 是用户选择的快捷键,cmd 是响应函数执行所需的参数。

```
char * dispatcher(char sel,char * cmd){
    int func_idx = -1;
    for(int i = 0; i < FUNS; i ++){
        if(choice[i] == sel){
            func_idx = i;
            break;
        }
    }
    if(func_idx != -1){
    //选择执行快捷键映射的函数
        return p[func_idx](cmd);
    }
    //命令行模式下需要用户输入选择,可能会有输入错误
    //但在 Windows 可视化界面中命令已经固化在菜单栏中,用户通过鼠标单击
    //选择命令,因此不存在错误输入
    return "No function to execute.";
}
```

由 dispatcher()函数可知,消息分发函数只需要根据用户选择的快捷键即可找到对应的执行函数,无须编写分支结构来进行判断执行,实现了代码良好的可扩展性。

2. 消息响应函数实现的主要模式

由于不同消息响应函数执行所需参数不同,而在函数设计时将所有函数的参数都设计为字符串,因此,响应函数实现的第一步就是进行参数解析。以 on_find_str()函数为例,其参数 cmd 中包含了两个字符串,将两个字符串之间用“||”进行标识形成一个字符串,因此,在参数解析时要以“||”为分隔符将 cmd 分为两个字符串 s1 和 s2,代码如下所示:

```
char * on_find_str(char * cmd){
    //参数解析
    int sep_idx = -1;    //分隔符位置
    int str_len = strlen(cmd);
    for(int i = 0; i < str_len - 1; i ++){
        if(cmd[i] == '|' && cmd[i + 1] == '|'){
            sep_idx = i;
            break;
        }
    }
    if(sep_idx == -1) return "Invalidate parameters.";
    char * s1 = sub_str(0,sep_idx,cmd);
    char * s2 = sub_str_to_end(sep_idx + 2,cmd);
    …
}
```

当参数解析结束后,即可根据字符串匹配逻辑进行判断。其他函数的实现过程与 on_find_str()函数类似。

3. 菜单功能响应函数的组织

菜单功能主要分为两类,公用功能和项目特定功能。在本问题中,新建文件、保存文件、查找是公用功能,几乎所有软件都有这样的操作;表达式的校验则不属于公用功能,而是某个项目特有的功能。

对于这两类函数,从代码复用和用户实现便利的角度应该组织在两个文件中。具有通用功能的函数应该放在 menu.h 头文件中,这样用户通过引用头文件即可调用,无须用户自行实现;而项目特定的函数,应该公布在项目特定的文件中,方便用户根据自己的需求进行实现。

根据上述讨论,菜单 UI 组件的执行流程如图 9.12 所示。

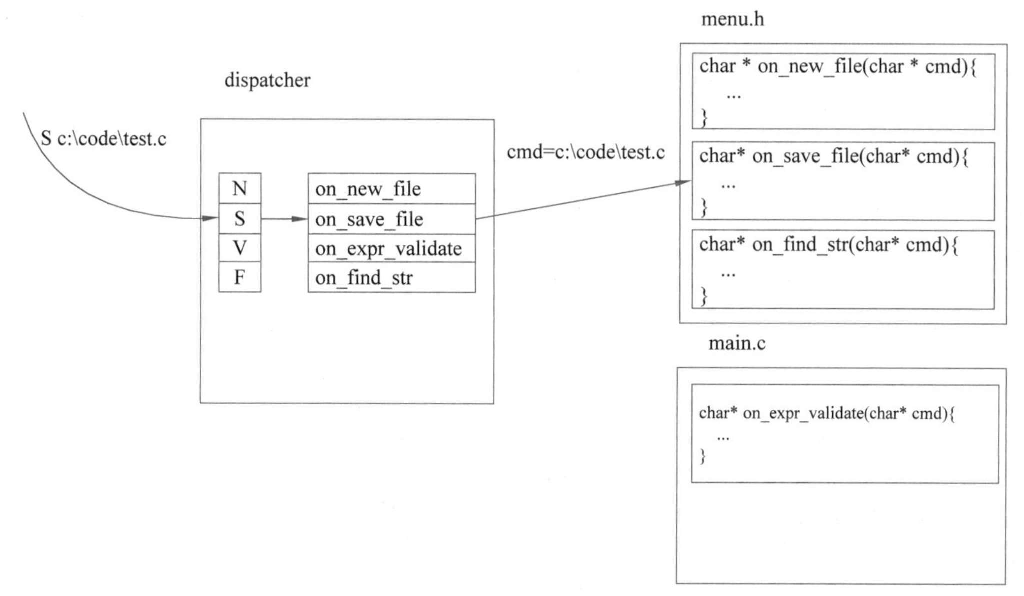

图 9.12 菜单 UI 组件执行流程

头文件 menu.h 完整代码如下:

```
/*
 * 本头文件定义用于菜单显示、选择和执行的变量及函数********
 * 本示例融合了循环、数组、函数、指针等重要章节内容**************
 * 考虑了代码的复用性和可维护性,摒弃了多分支选择结构在代码维护上的劣势
 * 在设计菜单时,只需要同步 choice[FUNS]和 * p[FUNS]的对应关系即可 *
*/
#ifndef MENU_H_INCLUDED
#define MENU_H_INCLUDED
#include <string.h>

#define FUNS 10

//通用功能函数添加处
char * on_new_file(char *);          //建立新文件
char * on_save_file(char *);         //保存文件
```

```
char * on_find_str(char *);          //查找一个字符串在另一个字符串的位置
//项目特定功能函数添加处
char * on_expr_validate(char *);    //验证算术表达式方括号是否匹配

//目录中给定快捷键,由用户自行设计
char choice[FUNS] = {'N','S','V','F'};
//指向函数的指针数组,与快捷键一一对应
char * (*p[FUNS])(char *) = {  on_new_file,
                                on_save_file,
                                on_expr_validate,
                                on_find_str
                                };

//找到字符 ch 在 str 中最后一次出现的位置
int last_index_of(char ch,char * str){
    int str_size = strlen(str);
    for(int i = str_size - 1; i >= 0; i --){
        if(str[i] == ch){
            return i;
        }
    }
    return -1;
}

//截取字符串,起始位置为 start_idx,终止位置为 end_idx(不包括 end_idx)
char * sub_str(int start_idx,int end_idx,char * str){
    char * ss = (char *)malloc(sizeof(char) * (end_idx - start_idx));
    for(int i = start_idx; i < end_idx; i ++){
        ss[i - start_idx] = str[i];
    }
    ss[end_idx] = '\0';
    return ss;
}

//截取字符串,从指定的 start_idx 开始直到字符串 str 结束
char * sub_str_to_end(int start_idx,char * str){
    int end_idx = strlen(str);
    char * ss = (char *)malloc(sizeof(char) * (end_idx - start_idx + 2));
    for(int i = start_idx; i <= end_idx; i ++){
        ss[i - start_idx] = str[i];
    }
    ss[end_idx + 1] = '\0';
    return ss;
}

/* 新建文件,文件路径由 cmd 指定
  在函数中通过定位字符'\'最后一次出现的位置 last
  然后以 last 为分界符截取目录和文件名
```

```
  如 C:\code\ch09\menu.c
  则目录为 C:\code\ch09,文件名为 menu.c
 */
char * on_new_file(char * cmd){
    int last = last_index_of('\\',cmd);
    char * path_name = sub_str(0,last,cmd);
    char * file_name = sub_str_to_end(last + 1,cmd);
    //利用后续章节的文件操作建立新文件,此处为模拟,仅输出一条语句
    printf("在目录%s 中新建文件%s\n",path_name,file_name);
    return "Done";
}

//将文件保存在 cmd 指定的文件中
char * on_save_file(char * cmd){
    int last = last_index_of('\\',cmd);
    char * path_name = sub_str(0,last,cmd);
    char * file_name = sub_str_to_end(last + 1,cmd);
    //利用后续章节的文件操作保存文件,此处为模拟,仅输出一条语句
    printf("将文件%s 保存在目录%s 中\n",file_name,path_name);
    return "Done";
}
//返回 s2 在 s1 中出现的位置,没有出现返回-1
int match_idx(char * s1, char * s2){
    int matches = 0;
    int len1 = strlen(s1);
    int len2 = strlen(s2);
    //s2 的长度要小于 s1 的长度
    if(len1 < len2) return -1;
    for(int i = 0; i < len1 - len2 + 1; i ++){
        matches = 1;  //默认匹配
        for(int j = 0; j < len2; j ++){
            if(s1[i + j] != s2[j]){
                matches = 0;
                break;
            }
        }
        if(matches) return i;
    }
    return -1;
}

/* cmd 为查找所需的参数,包括主串和目标串,两个字符串用"||"隔开
 * 如 hello world||or
 * 说明在 hello world 中查找 or 出现的位置
 */
char * on_find_str(char * cmd){
    int sep_idx = -1;   //分隔符位置
    int str_len = strlen(cmd);
    for(int i = 0; i < str_len - 1; i ++){
        if(cmd[i] == '|' && cmd[i + 1] == '|'){
```

```
                sep_idx = i;
                break;
            }
        }
        if(sep_idx == -1) return "Invalidate parameters.";
        char * s1 = sub_str(0,sep_idx,cmd);
        char * s2 = sub_str_to_end(sep_idx + 2,cmd);
        int idx = match_idx(s1,s2);
        if(idx != -1){
            char * vs = (char *)malloc(10);
            itoa(idx,vs,10);   //将整数 idx 转换为字符串,十进制
            return vs;
        }
        return "not found";
}

//菜单消息分发函数,根据输入的快捷键 sel 选择响应函数进行处理
char * dispatcher(char sel,char * cmd){
    int func_idx = -1;
    for(int i = 0; i < FUNS; i ++){
        if(choice[i] == sel){
            func_idx = i;
            break;
        }
    }
    if(func_idx != -1){
        return p[func_idx](cmd);
    }
    //命令行模式下需要用户输入快捷键,可能会存在输入错误
    //但在 Windows 可视化界面中,命令已经固化在菜单中,用户通过鼠标单击
    //选择命令即可,不存在错误输入
    return "no function to execute.";
}
#endif // MENU_H_INCLUDED
```

项目特定文件(此处为测试文件):

```
#include <stdio.h>
#include <stdlib.h>
#include "menu.h"

//输出菜单,用户自行设计,同时修改 menu.h 中的快捷键与函数的映射
void output_menu(){
    printf("---------------M E N U--------------------\n");
    printf("New File(N)\n");
    printf("Expression Validate(V)\n");
    printf("Find(F)\n");
    printf("Save File(S)\n");
    printf("Exit(E)\n");
    printf("----------------E N D-------------------\n");
}
```

```
//检查表达式字符串 expr 括号是否匹配,具体逻辑参考第 8 章能力拓展
int validate(int start, char * expr,int left,int lvl){
    int right = -1, i;
    int ends = strlen(expr);
    for(i = start; i < ends; ){
        if(expr[i] == '('){
            left = i;
            right = validate(i + 1,expr,left,lvl + 1);
            if(right == -1 || right >= ends) return -1;
            else{
                i = right;
                if(lvl == 1) left = -1;
            }
        }else if(expr[i] == ')'){
            if(left == -1){
                return -1;
            }else{
                return i;
            }
        }
        i ++;
    }
    return i;
}

//算术表达式括号匹配校验
char * on_expr_validate(char * cmd){
    int vr = validate(0,cmd,-1,1);
    if(vr == -1){
        return "syntax error.";
    }
    return "the expression is right.";
}

int main(){
    char choice;
    char cmd[100];
    while(1){
        output_menu();
        printf("Make a selection from (N,V,F,S,E) and input the command.\n");
        scanf("%c %[^\n]s",&choice,cmd);
        if(choice == 'E') break;   //退出菜单
        getchar();
        char * result = dispatcher(choice,cmd);
        printf("execution result:%s\n",result);
    }
    return 0;
}
```

测试结果：

```
---------------M E N U--------------------
New File(N)
Expression Validate(V)
Find(F)
Save File(S)
Exit(E)
----------------E N D-------------------
Make a selection from (N,V,F,S,E) and input the command.
F hello world||or
execution result:7
---------------M E N U--------------------
New File(N)
Expression Validate(V)
Find(F)
Save File(S)
Exit(E)
----------------E N D-------------------
Make a selection from (N,V,F,S,E) and input the command.
F hello worldork
execution result:Invalidate parameters.
---------------M E N U--------------------
New File(N)
Expression Validate(V)
Find(F)
Save File(S)
Exit(E)
----------------E N D-------------------
Make a selection from (N,V,F,S,E) and input the command.
V (2 * (5+3) - 4)/2 + 5)
execution result:syntax error.
---------------M E N U--------------------
New File(N)
Expression Validate(V)
Find(F)
Save File(S)
Exit(E)
----------------E N D-------------------
Make a selection from (N,V,F,S,E) and input the command.
V (2 * (5+3) - 4)/2 + 5
execution result:the expression is right.
---------------M E N U--------------------
New File(N)
Expression Validate(V)
Find(F)
Save File(S)
Exit(E)
----------------E N D-------------------
Make a selection from (N,V,F,S,E) and input the command.
N d:\code\ch09\menu.c
在目录 d:\code\ch09 中新建文件 menu.c
```

习　　题

1. 程序阅读题

（1）阅读程序,输出结果。

```
#include <stdio.h>
int main() {
    int x = 10;
    int *ptr = &x;
    printf("%d\n", *ptr);
    *ptr = 20;
    printf("%d\n", x);
    return 0;
}
```

（2）阅读程序,输出结果。

```
#include <stdio.h>
void swap(int *a, int *b) {
    int temp = *a;
    *a = *b;
    *b = temp;
}
int main() {
    int x = 5, y = 10;
    swap(&x, &y);
    printf("x = %d, y = %d\n", x, y);
    return 0;
}
```

（3）阅读程序,输出结果。

```
#include <stdio.h>
int main() {
    int arr[] = {1, 2, 3, 4, 5};
    int *ptr = arr;
    for (int i = 0; i < 5; i++) {
        printf("%d ", *ptr);
        ptr++;
    }
    return 0;
}
```

（4）阅读程序,输出结果。

```
#include <stdio.h>
int main() {
    int arr[] = {10, 20, 30, 40, 50};
```

```
    int * ptr = arr + 2;
    printf("%d\n", * ptr);
    printf("%d\n", * (ptr - 1));
    return 0;
}
```

(5) 阅读程序,输出结果。

```
#include <stdio.h>
void modifyValue(int * ptr) {
    * ptr = 100;
}
int main() {
    int x = 50;
    modifyValue(&x);
    printf("%d\n", x);
    return 0;
}
```

(6) 阅读程序,输出结果。

```
#include <stdio.h>
void reverseString(char * str) {
    if (* str == '\0') {
        return;
    }
    reverseString(str + 1);
    printf("%c", * str);
}
int main() {
    char str[] = "Hello";
    reverseString(str);
    printf("\n");
    return 0;
}
```

(7) 阅读程序,输出结果。

```
#include <stdio.h>
void copyString(char * src, char * dest) {
    while (* src) {
        * dest = * src;
        src++;
        dest++;
    }
    * dest = '\0';
}
int main() {
    char src[] = "Hello";
```

```
    char dest[20];
    copyString(src, dest);
    printf("%s\n", dest);
    return 0;
}
```

(8) 阅读程序,输出结果。

```
#include <stdio.h>
#include <stdlib.h>
void modify_memory(int * ptr, int size) {
    int i;
    for (i = 0; i < size; ++i) {
        ptr[i] = i * 2;
    }
}
int main() {
    int * ptr = malloc(5 * sizeof(int));
    modify_memory(ptr, 5);
    int i;
    for (i = 0; i < 5; ++i) {
        printf("%d ", ptr[i]);
    }
    printf("\n");
    free(ptr);
    return 0;
}
```

(9) 阅读程序,输出结果。

```
int main() {
    int a[5][5];
    int( * p)[4];
    p = a;
    printf("%p,%d\n", &p[4][2] - &a[4][2], &p[4][2] - &a[4][2]);
    return 0;
}
```

(10) 阅读程序,回答问题。

```
int main(){
    int aa[2][5] = { 1, 2, 3, 4, 5, 6, 7, 8, 9, 10 };
    int * ptr1 = (int * )(&aa + 1);
    int * ptr2 = (int * )( * (aa + 1));
    printf("%d,%d", * (ptr1 - 1), * (ptr2 - 1));
    return 0;
}
```

阅读程序思考:

① &aa + 1 和 * (aa + 1)有什么区别?

② 如果要使 ptr1 和 ptr2 相等应该如何修改?

(11) 阅读程序,输出结果。

```
int main() {
    char * c[] = {"ENTER", "NEW", "POINT", "FIRST"};
    char **cp[] = {c + 3, c + 2, c + 1, c};
    char ***cpp = cp;
    printf("%s\n", **++cpp);
    printf("%s\n", * -- * ++cpp + 3);
    printf("%s\n", * cpp[-2] + 3);
    printf("%s\n", cpp[-1][-1] + 1);
    return 0;
}
```

结合运算符优先级思考程序的输出结果。

2. 程序填空题

(1) 阅读程序按要求填空。

```
#include <stdio.h>
int main() {
    int x = 10;
    int * ptr = &x;
    printf("The value of x is %d\n", ________);
    printf("The address of x is %p\n", ________);
    return 0;
}
```

填入适当的内容,使得程序能正确输出 x 的值和地址。

(2) 阅读程序按要求填空。

```
#include <stdio.h>
void increment(int * num) {
    ________;
}
int main() {
    int x = 5;
    increment(&x);
    printf("The value of x is %d\n", x);
    return 0;
}
```

填入适当的内容,使得调用 increment()函数后,x 的值增加 1。

(3) 阅读程序按要求填空。

```
#include <stdio.h>
int main() {
    int arr[] = {10, 20, 30, 40, 50};
    int * ptr = ________;
    printf("The value at index 2 is %d\n", * ptr);
    return 0;
}
```

填入适当的内容,使得程序能正确输出数组中索引为 2 的值。

(4) 阅读程序按要求填空。

```
#include <stdio.h>
int main() {
    char str[] = "Hello";
    char * ptr = ________;
    while (________) {
        printf("%c ", * ptr);
        ________;
    }
    return 0;
}
```

填入适当的内容,使得程序能正确输出字符串"Hello"中的每个字符。

(5) 阅读程序按要求填空。

```
#include <stdio.h>
int main() {
    int arr[] = {1, 2, 3, 4, 5};
    int * ptr = arr + 2;
    printf("The value at index 0 is %d\n", * (ptr - ________));
    return 0;
}
```

填入适当的内容,使得程序能正确输出数组中索引为 0 的值。

(6) 阅读程序按要求填空。

```
void swapRows(int * * matrix, int row1, int row2, int cols) {
    for (int i = 0; i &lt ________; i++) {
        int temp = ________;
        ________ = ________;
        ________ = ________;
    }
}
int main() {
    int matrix[3][3] = { {1, 2, 3}, {4, 5, 6}, {7, 8, 9} };
    swapRows(________, ________, ________, ________);
    for (int i = 0; i < 3; i++) {
        for (int j = 0; j < 3; j++) {
            printf("%d ", matrix[i][j]);
        }
        printf("\n");
    }
    return 0;
}
```

填写代码,实现其交换二维数组 matrix 中两行的位置。

(7) 阅读程序按要求填空。

```
void reverseArray(int * arr, int size) {
    int start = 0;
    int end = ________;
    while (_______ < _______) {
        int temp = _______;
        _______ = _______;
        _______ = _______;
        start++;
        end--;
    }
}
int main() {
    int arr[] = {1, 2, 3, 4, 5};
    reverseArray(_______, _______);
    for (int i = 0; i &lt ________; i++) {
        printf("%d ", arr[i]);
    }
    printf("\n");
    return 0;
}
```

填写代码,使数组 arr 中的所有元素按照逆序存储。

(8) 阅读程序按要求填空。

```
int* printListReversingly(struct ListNode* head) {
    if(head == NULL) return NULL;
    int count = 0;
    struct ListNode * b = head;
    while(_______) {
        count++;
        b = b -> next;
    }
    int* arr=(int*)malloc(sizeof(int) * _______ + 1);
    b = head;//重新让 b 指向 head
    while(b -> next != NULL) {
        arr[count--] = b -> val;
        b = b -> next;
    }
    arr[count] = b -> val;
    return arr;
}
```

补全画线处代码,实现遍历链表的功能。

(9) 阅读程序按要求填空。

```
#include <stdio.h>
int* allocate_memory(int size) {
    _______;
    return _______;
}
```

```
int main() {
    int* ptr = allocate_memory(5);
    int i;
    for (i = 0; i < 5; ++i) {
        ptr[i] = i * 2;
    }
    for (i = 0; i < 5; ++i) {
        printf("%d ", ptr[i]);
    }
    printf("\n");
    ________;
    return 0;
}
```

补全画线处代码，实现创建数组的功能。

(10) 阅读程序按要求填空。

```
int b[1001], t = 0;
int get_unique_count(int *a, int n) {
    for (int i = 1; i <= n; i++) {
        if (________) {
            t ++;
            ________;
        }
    }
    return t;
}
int main() {
    int n;
    scanf("%d", &n);
    int a[n + 1];
    for (int i = 1; i <= n; i++) {
        scanf("%d", &a[i]);
    }
    printf("%d", get_unique_count(a, n));
    return 0;
}
```

补全画线处代码，实现去重的功能，且返回去重后数组长度。

3. 编程题

(1) 编写一个函数，接受两个整数指针作为参数，并交换它们的值。

(2) 编写一个函数，接受一个整型数组和数组长度作为参数，并对数组进行升序排序。

(3) 编写一个函数，接受一个字符串指针作为参数，并计算字符串的长度。

(4) 编写一个函数，接受一个字符串指针作为参数，并将字符串中的所有小写字母转换为大写字母。

(5) 编写一个函数，接受一个字符串指针作为参数，并返回字符串中第一个出现的数字字符的索引。

(6) 编写一个函数,接受一个整型指针和一个整数作为参数,并动态分配指定大小的整型数组。

(7) 编写一个函数,接受一个整型指针和一个整数作为参数,并将数组中的元素逆序存储。

(8) 编写一个函数,计算一个整数数组中所有元素的平均值,并将结果通过指针返回。(如 void calculateAverage(const int * arr, int size, double * average))。

(9) 实现一个函数,把字符串中的每个空格替换成"%|4"。

(10) 从字符串中找出一个最长的不包含重复字符的子字符串,计算该最长子字符串的长度。

(11) 有一堆水果,要把水果根据价格进行分组,但每组最多只能包括两种水果,并且每组水果的价格之和不能超过一个给定的整数 x。设计一个函数解决这个问题,返回一个二维数组的指针,二维数组的第一维代表组数,第二维代表水果种类。

(12) 文本编辑器一般都有查找单词的功能,该功能可以快速定位特定单词在文章中的位置,有的还能统计出特定单词在文章中出现的次数。现在编写程序实现这个功能,要求是给定一个单词,要在文章中找到它在字符数组里出现的所有位置并保存在一个指针数组里。

(13) 给定两个字符串 a、b,可以旋转字符串 a、b,即可以把字符串前 k 个字符移动到字符串最后,求有旋转后的 a、b 组合在一起后是回文串的方案,保存在一个二维数组里。

(14) 给定一个长度为 n 的数组,需要把它分为三部分,设第一部分的和为 sum1,第二部分为 sum2,第三部分为 sum3,需要在满足 sum1=sum3 的情况下使得 sum1 最大,并在这 3 个部分之间插入一个-1,设计函数解决这个问题。

(15) 利用指针和数组实现一个双端链表,要求支持头插、尾插、删除元素等操作。

第10章

结构体与共用体

结构体与共用体是C语言中非常重要的数据组织形式，允许将不同类型的数据组织在一起形成一种自定义数据类型。

10.1 结构体

10.1.1 定义结构体类型

结构体是一种将不同类型的数据组织在一起的数据存储结构。

定义结构体的关键字是struct，其语法格式如下：

```
struct 结构体类型名{
        数据类型标识符 1  数据成员名 1;
        数据类型标识符 2  数据成员名 2;
            …
        数据类型标识符 n  数据成员名 n;
};
```

该语法格式中定义的结构体名即为新定义的一个自定义类型，程序中使用该自定义数据类型来定义结构体变量、结构体数组和结构体指针等。结构体类型由若干个数据成员组成，每个数据成员有自己的数据类型。语法格式最后的分号不能缺少。

例如，定义一个结构体类型将一个学生的学号、姓名、高考成绩和生源地城市等信息组织在一起成为一个整体的数据：

```
struct StuInfo{
    int stuNo;                  //学生学号,整型数据
    char stuName[6];            //学生姓名,字符数组(字符串)
    int score;                  //高考成绩,整型数据
    char city[8];               //生源地城市,字符数组(字符串)
};
```

上述代码定义了一个结构体类型StuInfo，它包含了4个数据成员：整型数据成员stuNo(学号)、字符数组成员stuName[6](姓名)、整型数据成员score(成绩)和字符数组成员city[8](城市)。

10.1.2 定义结构体变量

定义结构体类变量有以下几种方法。

(1) 在定义结构体类型的同时,直接定义该类型的变量。例如:

```
struct StuInfo{
    int stuNo;
    char stuName[6];
    int score;
    char city[8];
}stu1,stu2;
```

上述代码中在定义 StuInfo 结构体类型的同时,又定义了该结构体类型的变量 stu1 和 stu2。以变量 stu1 为例,该类型变量在内存中的存储结构如图 10.1 所示。

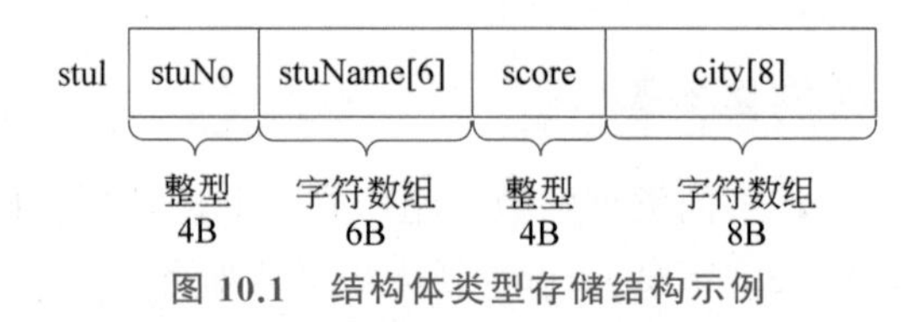

图 10.1 结构体类型存储结构示例

(2) 在代码中用结构体类型定义结构体变量,定义语句的格式如下:

```
struct 结构体类型名 结构体变量名;
```

例如:

```
struct StuInfo{
    int stuNo;
    char stuName[6];
    int score;
    char city[8];
};
struct StuInfo student1,student2;        //定义两个 StuInfo 结构体类型的
                                         //变量 student1 和 student2
```

上述代码中定义结构体变量语句的最前面要加上关键字 struct,否则系统认为 StuInfo 是未知类型。

(3) 用关键字 typedef 给结构体类型取别名,并用别名定义变量。例如:

```
typedef struct StuInfo{
    int stuNo;
    char stuName[6];
    int score;
    char city[8];
}SI;                    //给结构体类型 StuInfo 取别名 SI
SI s1,s2;               //用别名 SI 定义结构体变量 s1、s2
```

上述代码中，在定义结构体类型 StuInfo 时，在关键字 struct 前加上关键字 typedef，表示在定义结构体类型的同时取别名。别名定义在结构体定义结束的分号前，此时，此处是别名而不是变量名。用别名定义变量，语句前面不能加关键字 struct，否则编译系统报错。

10.1.3　结构体初始化

在使用 10.1.2 小节中 3 种方法定义结构体变量时，用以下方式来初始化结构体变量。

```
struct StuInfo{
    int stuNo;
    char stuName[6];
    int score;
    char city[8];
}stu1,stu2={ 1,"李伟",623,"广州"};
struct StuInfo student1,student2= {2,"张华",620,"长沙"};
```

或者：

```
typedef struct StuInfo{
    int stuNo;
    char stuName[6];
    int score;
    char city[8];
}SI;
SI s1= {1,"李伟",623,"广州"},s2= {2,"张华",620,"长沙"};
```

上面两组代码中，在定义结构体变量 stu2、student2、s1 和 s2 时，对这些变量进行了初始化。初始化时，结构体变量的各数据成员应该按照定义时的顺序依次赋值，并保持类型匹配。以结构体变量 stu2 为例，初始化后，该变量在内存中的存储结构如图 10.2 所示。

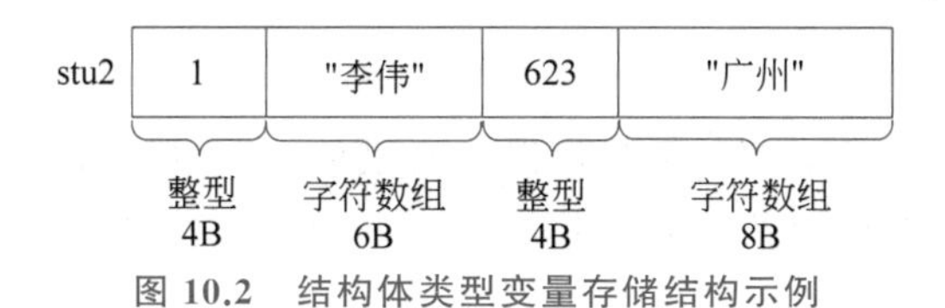

图 10.2　结构体类型变量存储结构示例

10.1.4　结构体变量引用

结构体变量引用的方法有两种：一种是结构体变量作为一个整体引用；另一种方法是结构体变量的数据成员可以单独引用。单独引用结构体变量数据成员的语法格式为：

```
结构体变量名.数据成员
```

其中，“.”是成员运算符。

例 10.1　使用结构体变量存储和处理学生信息。

```
#include <stdio.h>
#include <string.h>
main(){
```

```
    typedef struct StuInfo{
        int stuNo;
        char stuName[10];
        int score;
        char city[20];
    }SI;
    SI s1,s2={1,"李伟",623,"广州"};
    s1=s2;                  //将结构体变量 s1 的数据复制到 s2 中
    printf("输出学生 s1 的信息: \n");
    printf("%d,%s,%d,%s\n",s1.stuNo,s1.stuName,s1.score,s1.city);
    printf("输出学生 s2 的信息: \n");
    printf("%d,%s,%d,%s\n",s2.stuNo,s2.stuName,s2.score,s2.city);
    printf("\n");
    printf("修改后学生 s2 的信息\n");
    s2.stuNo=2;
    strcpy(s2.stuName,"张华");
    s2.score=640;
    strcpy(s2.city,"长沙");
    printf("%d,%s,%d,%s\n",s2.stuNo,s2.stuName,s2.score,s2.city);
}
```

程序的运行结果为:

```
输出学生 s1 的信息:
1,李伟,623,广州
输出学生 s2 的信息:
1,李伟,623,广州

修改后学生 s2 的信息
2,张华,640,长沙
```

虽然在程序中同一结构类型的变量可以相互赋值(如代码中的语句 s1=s2),但直接用常量给一个结构体变量整体赋值(如语句 s1={1,"李伟",623,"广州"})是非法的。

10.2 结构体数组

定义一个结构体类型数组的语法和定义结构体变量一样。

如下面的代码用例 10.1 中的结构体定义一个可以存储 4 个学生信息的结构体数组,并且初始化了前两个结构体数组元素。

```
typedef struct StuInfo{
    int stuNo;
    char stuName[10];
    int score;
    char city[20];
}SI;
SI stu[4]={{1,"李伟",623,"广州"},{2,"张华",640,"长沙"}};
```

结构体数组 stu 的结构如图 10.3 所示。

stu[0]	1	"李伟"	623	"广州"
stu[1]	2	"张华"	640	"长沙"
stu[2]		（未初始化）		
stu[3]		（未初始化）		

图 10.3　结构体类型数组结构示例

图 10.3 中，结构体数组的每一个元素都拥有该结构体类型的存储结构，结构体数组元素数据成员用成员运算符"."进行引用，如数组元素 stu[1]的学号信息为 stu[1].stuNo。下面给出一个具体的应用实例，实现在前面的代码的基础上，再补充输入后面两个学生的信息，并输出这些学生高考分数的平均值。

例 10.2　使用结构体数组存储和处理学生信息。

```
#include <stdio.h>
main(){
    int i,total=0;
    typedef struct StuInfo{
        int stuNo;
        char stuName[10];
        int score;
        char city[20];
    }SI;
    SI stu[4]={{1,"李伟",623,"广州"},{2,"张华",640,"长沙"}};
    printf("请补充其他学生的信息：\n");
    total=stu[0].score+stu[1].score;
    for(i=2;i<4;i++){
        stu[i].stuNo=i+1;
        printf("请输入第%d个学生的姓名：\n",i+1);
        scanf("%s",stu[i].stuName);
        printf("请输入第%d个学生的高考成绩：\n",i+1);
        scanf("%d",&stu[i].score);
        printf("请输入第%d个学生的生源地城市：\n",i+1);
        scanf("%s",stu[i].city);
        total+=stu[i].score;
        printf("\n");
    }
    printf("所有学生信息：\n");
    for(i=0;i<4;i++){
      printf("%d",stu[i].stuNo);
      printf("   %s",stu[i].stuName);
      printf("   %d",stu[i].score);
      printf("   %s",stu[i].city);
      printf("\n");
    }
    printf("\n平均分数为：%d\n",total/4);
}
```

程序运行效果如下：

```
请补充其他学生的信息:
请输入第 3 个学生的姓名:
王芳
请输入第 3 个学生的高考成绩:
632
请输入第 3 个学生的生源地城市:
上海

请输入第 4 个学生的姓名:
刘凯
请输入第 4 个学生的高考成绩:
621
请输入第 4 个学生的生源地城市:
北京

所有学生信息:
1    李伟    623    广州
2    张华    640    长沙
3    王芳    632    上海
4    刘凯    621    北京

平均分数为: 629
```

10.3 结构体指针

结构体指针变量是指向一个结构体类型数据的存储空间首地址。例如:

```
struct StuInfo{
    int stuNo;
    char stuName[6];
    int score;
    char city[8];
} * stu1, student2;
struct StuInfo student1, * stu2;
stu1=&student1;
stu2=&student2;
```

上面的代码中定义了结构体类型 StuInfo 的两个指针变量 stu1 和 stu2,分别指向该结构体的两个变量 student1 和 student2。以指针 stu1 为例,图 10.4 给出了结构体指针的存储结构。

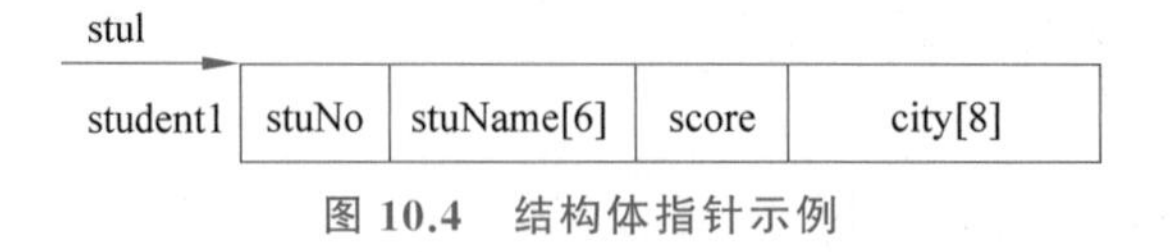

图 10.4　结构体指针示例

程序中用 typedef 关键字给结构体类型定义指针别名,并用该指针别名来定义该结构体的指针变量。例如:

```
typedef struct StuInfo{
    int stuNo;
    char stuName[6];
    int score;
    char city[8];
}SI, * SIPtr;
SI stu1;
SIPtr s1=&stu1;
```

上例中除了给结构体 StuInfo 定义了一个普通别名 SI 之外，还定义了一个指针别名 SIPtr，并用该别名定义了一个指针 s1 指向了该结构体的变量 stu1。用指针别名定义指针变量时，指针变量前不需要加“ * ”（否则，定义的是一个二级指针）。

当利用指针间接引用使用所指向结构体变量的数据成员时，语法格式为：

```
(* 结构体指针名).数据成员
```

或者

```
结构体指针名->数据成员
```

使用上述代码中结构体变量 stu1 的数据成员 stuNo 时，有以下 3 种形式：

(1) 直接使用结构体变量：stu1.stuNo。

(2) 使用指向该变量的指针：(* s1).stuNo。

(3) 使用指向该变量的指针：s1->stuNo。

以上 3 种方法的使用等效。其中，方法(2)中因为运算优先级的关系，括号运算不能省略。程序员更多的是采用方法(3)，其更具普适性。

例 10.3　使用结构体指针处理学生信息。

```
#include <stdio.h>
#include <string.h>
main(){
    typedef struct StuInfo{
        int stuNo;
        char stuName[10];
        int score;
        char city[20];
    }SI, * SIPtr;
    SI stu1={1,"李伟",623,"广州"};
    SIPtr s1=&stu1;
    printf("输出学生信息: \n");
    printf("%d,%s,%d,%s\n",( * s1).stuNo,( * s1).stuName,( * s1).score,( * s1).
city);
    printf("\n");
    s1->score=640;
    strcpy(s1->city,"长沙");
    printf("修改后学生的信息\n");
    printf("%d,%s,%d,%s\n",s1->stuNo,s1->stuName,s1->score,s1->city);
}
```

程序运行结果如下：

```
输出学生信息：
1,李伟,623,广州
修改后学生的信息
1,李伟,640,长沙
```

10.4 结构体嵌套

结构体嵌套是指在一个结构体类型中包含结构体类型的数据成员。例如在例10.3中，给结构体StuInfo增加一个数据成员，用来记录学生的出生日期，出生日期由年、月和日3个整数数据表示，定义一个结构体Birthday代码如下：

```
struct Birthday{
    int year;
    int month;
    int date;
};
```

将Birthday结构体的变量作为结构体StuInfo的一个数据成员。修改结构体StuInfo的定义代码如下：

```
struct StuInfo{
    int stuNo;
    char stuName[10];
    struct Birthday stuBirthday;
    int score;
    char city[20];
}stu1;
```

上述结构体StuInfo的定义增加了一个数据成员stuBirthday，该数据成员的类型为Birthday结构体。当需要使用嵌套的结构体类型的数据成员时，要用两次成员运算符进行运算。例如，需要使用stu1的month数据时，表达式应为：stu1.stuBiethday.month。图10.5给出了结构体变量stu1的存储结构。

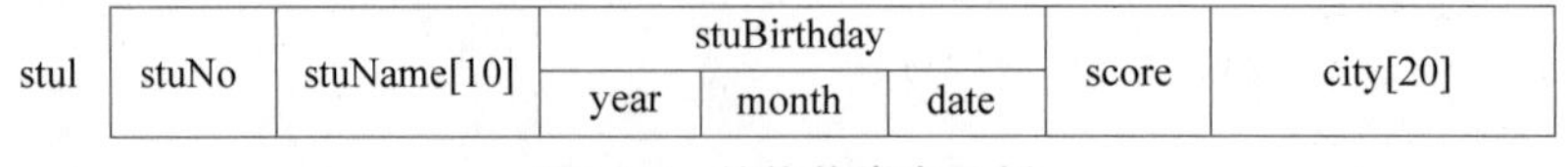

图10.5 结构体嵌套示例

例10.4 使用结构体嵌套存储和处理学生信息。

```
#include <stdio.h>
#include <string.h>
main(){
    struct Birthday{
        int year;
```

```
        int month;
        int date;
    };
    typedef struct StuInfo{
        int stuNo;
        char stuName[10];
        struct Birthday stuBirthday;
        int score;
        char city[20];
    }SI, * SIPtr;
    SI stu1={1,"李伟",{2002,5,26},623,"广州"};
    SIPtr s1=&stu1;                //将结构体变量 s1 的数据复制到 s2 中
    printf("输出学生信息: \n");
    printf("%d,%s,",(* s1).stuNo,(* s1).stuName);
    printf("%d-%d-%d,",(* s1).stuBirthday.year,
                       (* s1).stuBirthday.month,
                       (* s1).stuBirthday.date);
    printf("%d,%s\n",(* s1).score,(* s1).city);
    printf("\n");
    s1->stuBirthday.month=8;
    s1->score=640;
    strcpy(s1->city,"长沙");
    printf("修改后学生的信息\n");
    printf("%d,%s,",s1->stuNo,s1->stuName);
    printf("%d-%d-%d,",s1->stuBirthday.year,
                       s1->stuBirthday.month,
                       s1->stuBirthday.date);
    printf("%d,%s\n",s1->score,s1->city);
    printf("\n");
}
```

程序运行结果如下：

```
输出学生信息:
1,李伟,2002-5-26,623,广州
修改后学生的信息
1,李伟,2002-8-26,640,长沙
```

10.5　共　用　体

共用体是一种共享的数据存储结构。定义一个共用体的关键字为 union，语法格式如下：

```
union 共用体类型名{
        数据类型标识符 1   数据成员名 1;
        数据类型标识符 2   数据成员名 2;
            …
        数据类型标识符 n   数据成员名 n;
};
```

共用体的数据成员共享同一段存储内存,最后被赋值的数据成员的值会覆盖前面被赋值的数据成员值,只有最后被赋值的数据成员值有意义。一个共用体结构存储空间的大小由占空间最大的那个数据成员决定。共用体数据成员的引用方式和结构体数据成员的引用方式一样。

例 10.5 使用共用体存储 3 种不同类型的数据。

```
#include <stdio.h>
main(){
    union DataType{                         //定义一个共用体类型
        int IntData;                        //整型数据成员
        double DoubleData;                  //双精度浮点型数据成员
        char CharData;                      //字符型数据成员
    };
    union DataType x;                       //定义一个共用体变量
    x.CharData='a';
    printf("%d,%lf,%c\n",x.IntData,x.DoubleData,x.CharData);
    x.DoubleData=1.23;
    printf("%d,%lf,%c\n",x.IntData,x.DoubleData,x.CharData);
}
```

上述程序的运行结果为:

```
97,0.000000,a
2061584302,1.230000,?
```

例 10.5 中定义的共用体变量 x 所占内存空间的情况如图 10.6 所示。

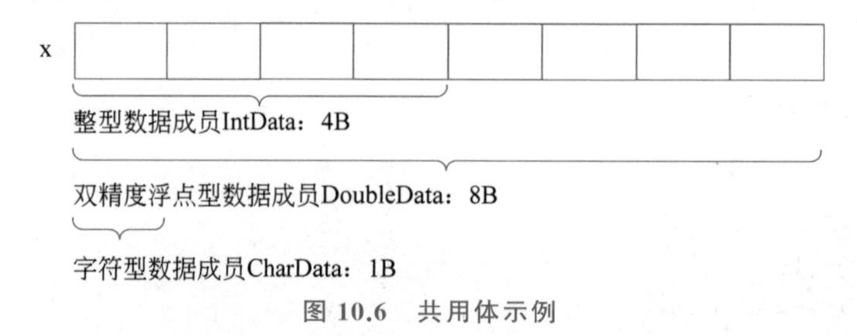

图 10.6 共用体示例

在输出结果的第一行,因为该输出前最后被赋值的数据成员是 CharData,所以只有输出的字符'a'有意义;而在输出的第二行,因为最后被赋值的是数据成员 DoubleData,所以只有输出的 1.230000 有意义,且前面被赋值的数据成员 CharData 的值字符'a'已经被覆盖改变。

对于共用体类型的数据,因为是多个不同类型的数据成员共享空间,所以使用时一定要确定当前有意义的数据成员是哪一个,避免数据错误。

习 题

(1) 定义一个结构体表示一个学生的信息,包括姓名、年龄、性别和成绩。

(2) 定义一个结构体表示一个矩形的长、宽和颜色,并计算矩形周长和面积。

(3) 定义一个共用体表示一个字符串，可以在同一块内存位置存储字符串的长度和内容。

(4) 定义一个结构体表示一个复数，包括实部和虚部，并实现虚数的基本运算。

(5) 定义一个结构体表示一个二维向量，包括 x 和 y 分量，并实现向量的加法、减法、数乘和点乘等基本运算。

(6) 结构体的成员访问方式有哪些方式？

(7) 结构体和共用体有哪些区别？

(8) 阅读以下代码，解释结构体 student 的作用和用法。

```
struct student {
    char name[100];
    int age;
    char gender;
    float score;
};
int main() {
    struct student s1;
    strcpy(s1.name, "Sunyang");
    s1.age = 19;
    s1.gender = 'F';
    s1.score = 95;
    printf("Name: %s, Age: %d, Gender: %c, Score: %.1f\n", s1.name, s1.age, s1.
gender, s1.score);
    return 0;
}
```

(9) 阅读以下代码。

```
struct rectangle {
    int width;
    int height;
};

int main() {
    struct rectangle r1 = {7, 6};
    struct rectangle r2 = {5, 8};
    if (r1.width == r2.width && r1.height == r2.height) {
        printf("r1 与 r2 形状相同。\n");
    } else {
        printf("r1 与 r2 形状不同。\n");
    }
    return 0;
}
```

根据给定的代码，分析输出结果。

(10) 阅读以下代码,写出程序运行结果。

```
union data {
    int i;
    float f;
    char str[20];
};

int main() {
    union data x;
    printf("Enter an integer: ");
    scanf("%d", &x.i);
    printf("You entered the integer: %d\n", x.i);
    printf("Enter a float: ");
    scanf("%f", & x.f);
    printf("You entered the float: %.2f\n", x.f);
    printf("Enter a string: ");
    scanf("%s", x.str);
    printf("You entered the string: %s\n", x.str);
    return 0;
}
```

第11章

文　件

在使用C语言进行程序设计时，如果数据都存储于内存中，那么当程序运行结束时数据将消失。对有大量数据输入输出的程序，如果不能长期保存数据，会给程序的调试及数据共享和协同工作带来时间和空间上的浪费，不利于计算机系统处理数据效率的提升。

C语言中的文件操作可以实现数据持久化长期存储，让数据可以在程序关闭后继续存在，并且在需要的时候读取。通过文件操作，C程序不仅可以控制和操作内存中的数据，还可以对存储在外部存储器上的数据进行处理。

11.1 概　述

计算机中的文件是用来存储一组特定信息的数据集合，以路径和文件名来标识。文件也是计算机操作系统进行信息管理的基本单位，常存储在计算机系统的外部存储器中(如磁盘、光盘等)。

11.1.1 文件类型

文件根据所存储数据信息的意义不同，可以分为多种不同类型，如可执行文件(.exe)、数据文件(.dat)、类或库文件(.lib、.h)、文本文件(.txt)、图像文件(.jpg)，还有音频视频文件(.mp3、.mp4) 等，它们分别具有不同的格式和用途。

C语言系统中常见的文件有程序源文件(.c)、头文件(.h)、目标文件(.obj)和可执行文件(.exe)等，用户也能根据程序设计的需要创建和使用自己的文件来存储输入或输出的数据。

11.1.2 文件文本与二进制文件

文件按照存储数据形式不同分为文本文件和二进制文件。这两种形式的主要区别在于存储在文件中数据的编码方式。

文本文件使用特定的字符编码(如ASCII或UTF-8)将数据编码为字符串形式。因为文本文件包含的是人类可阅读的字符串形式的数据信息，所以可以使用如Windows操作系统中的记事本软件打开，并进行阅读和编辑。

二进制文件直接将数据以二进制形式存储在文件中，不是以字符编码的形式存储。因为存储的是二进制数据，所以无法直接阅读。二进制文件用于存储程序执行指令、图像、音频、视频等非文本数据，需要使用特定的软件或系统打开并呈现文件数据所表示的含义，如JPG格式的图像文件可以用Photoshop等专门的图形图像处理软件打开并编辑。

11.1.3 流

流(Stream)是C语言中一个非常重要的概念，它是输入输出操作的核心，用于表示数据的输入输出通道。流表示的是一种数据传输的方式，从特定的数据源将数据传输到某个指定的数据接收处。如C语言中有标准输入流(stdin)和标准输出流(stdout)，用于从键盘输入数据和将数据输出到显示器，具体可通过scanf()和printf()等库函数来实现。

在C语言中与文件操作关联的流称为文件流。文件流主要通过C语言的标准输入输出库(stdio.h)中的一系列函数来实现文件打开关闭、读写和定位等操作。

11.2 文件操作简介

在C语言的程序中进行文件操作时，要遵循操作规则和步骤，如先打开文件，再进行读写操作，最后关闭文件等。同时，还要注意文件的路径、打开模式、读写权限等问题，以避免出现错误。图11.1中给出了C语言程序中文件的操作步骤。

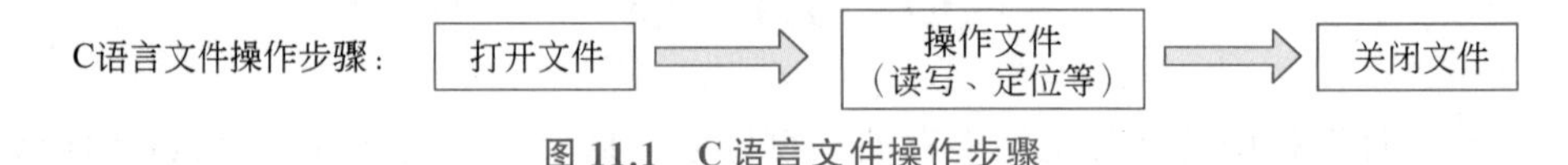

图11.1 C语言文件操作步骤

11.2.1 文件指针

文件指针是一个指向文件的指针变量。文件指针实际上指向一个FILE类型的结构体，这个结构体包含了文件的打开模式、文件状态、缓冲区等信息。在程序中，通过文件指针来实现文件操作等。

FILE结构体类型包含在stdio.h头文件中。下面的语句定义了两个文件指针fptr1和fptr2：

```
#include <stdio.h>
main(){
    FILE * fptr1, * fptr2;          //定义文件指针 fptr1 和 fptr2
}
```

11.2.2 文件操作常用函数

C语言文件操作常用的函数包括：

(1) 打开文件函数：fopen()。

(2) 文本文件顺序读写函数：fgetc()/fputc()、fgets()/fputs()。

(3) 文本文件格式化读写函数：fscanf()/fprintf()。

(4) 二进制文件读写函数：fread()/fwrite()。

（5）文件定位函数：feof()、fseek()、rewind()、ftell()。
（6）文件关闭函数：fclose()。

11.2.3　打开文件

打开文件

fopen()函数用来打开文件，其函数原型如下：

```
FILE * fopen(const char * filepath, const char * mode)
```

其中，参数 filepath 是需要打开的文件的路径（含文件名）。参数 mode 是指打开文件的模式。在 mode 的模式中有 5 种字符，分别是：

（1）"b"：表示以二进制方式打开，缺省时表示以系统默认的文本方式打开。
（2）"r"：打开一个文件进行读操作，文件位置指针定位在文件起始位置。
（3）"w"：打开一个文件进行写操作，文件位置指针定位在文件起始位置。
（4）"a"：打开一个文件追加数据，文件位置指针定位在文件末尾位置。
（5）"＋"：无论以" r "还是" w "模式打开文件，都可以对文件进行读写操作。

以上 5 种模式字符通过有效结合，得到各种复合模式。C 语言中文件打开模式如表 11.1 所示。

表 11.1　fopen()函数打开文件模式

mode 模式串	模式解析
"r"	打开一个文本文件只读，定位位置指针指向文件开始位置； 如果指定的文件不存在则打开文件失败，函数返回空指针
"w"	打开一个文本文件只写，定位位置指针指向文件开始位置； 如果指定的文件不存在则新建该文件，如果存在则覆盖原数据
"a"	打开一个文本文件追加数据，定位位置指针指向文件末尾位置； 如果指定的文件不存在则新建该文件
"rb"	打开一个二进制文件只读，定位位置指针指向文件开始位置； 如果指定的文件不存在则打开文件失败，函数返回空指针
"wb"	打开一个二进制文件只写，定位位置指针指向文件开始位置； 如果指定的文件不存在则新建该文件，如果存在则覆盖原数据
"ab"	打开一个二进制文件追加数据，定位位置指针指向文件末尾位置； 如果指定的文件不存在则新建该文件
"r＋"	打开一个文本文件读写，定位位置指针指向文件开始位置； 如果指定的文件不存在则打开文件失败，函数返回空指针
"w＋"	打开一个文本文件读写，定位位置指针指向文件开始位置； 如果指定的文件不存在则新建该文件，如果存在则覆盖原数据
"a＋"	打开一个文本文件追加数据，定位位置指针指向文件末尾位置； 如果指定的文件不存在则新建该文件
"rb＋"	打开一个文本文件读写，定位位置指针指向文件开始位置； 如果指定的文件不存在则打开文件失败，函数返回空指针

续表

mode 模式串	模式解析
"wb+"	打开一个文本文件读写,定位位置指针指向文件开始位置; 如果指定的文件不存在则新建该文件,如果存在则覆盖原数据
"ab+"	打开一个文本文件追加数据,定位位置指针指向文件末尾位置; 如果指定的文件不存在则新建该文件

例 **11.1** 用函数 fopen()打开 3 个指定文件。

```
#include <stdio.h>
main(){
    FILE * fptr1, * fptr2, * fptr3;              //定义 3 个文件指针
    char * fpath="d:\\样例\\Data.dat";           //定义一个文件路径的字符串
    char * fmode="ab+";                          //定义一个文件打开模式的字符串
fptr1=fopen("d:\\样例\\test.txt","r");           //以只读方式打开 d 盘"样例"
                                                 //目录下的文本文件 test.txt
if (fptr1==NULL)                                 //打开失败
    printf("test.txt 文件打开失败! \n");
fptr2=fopen("d:\\样例\\StuInfo.txt","w+");       //打开一个 d 盘"样例"目录下的
                                                 //文本文件 StuInfo.txt 读写,如果
                                                 //文件不存在,则新建该文件
if (fptr2==NULL)                                 //打开失败
        printf("StuInfo.txt 文件打开失败! \n");
fptr3=fopen(fpath,fmode);                        //打开一个 d 盘"样例"目录下的二进制文件
        //Data.dat 追加数据,如果文件不存在,则新建该文件
    fclose(fptr1);                               //关闭文件指针 fptr1 指向的文件
    fclose(fptr2);                               //关闭文件指针 fptr2 指向的文件
    fclose(fptr3);                               //关闭文件指针 fptr3 指向的文件
}
```

假设在当前计算机系统中磁盘 d 根目录下的子目录“样例”是个空目录,则程序的运行结果为:

系统屏幕显示:

```
test.txt 文件打开失败!
```

d 盘“样例”子目录如图 11.2 所示。

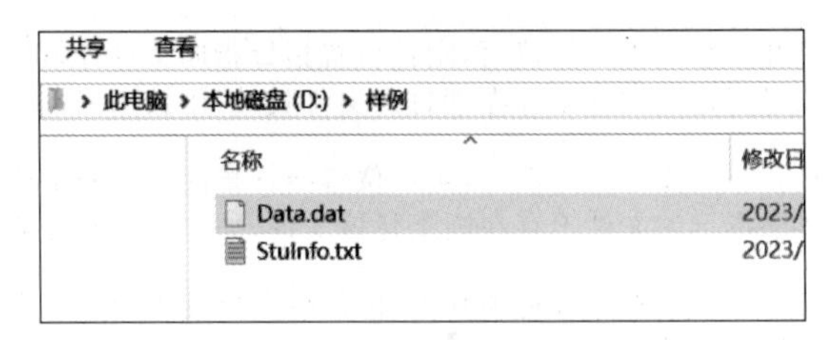

图 **11.2** 打开文件操作示例

在用 fopen()函数打开文件时,应检测文件打开是否成功。

11.2.4　关闭文件

C 语言中 fclose()函数用来关闭文件，其函数原型如下：

```
int * fclose(FILE * stream)
```

fclose()函数的作用是将文件流与实际打开的文件断开连接，并释放相关资源，即关闭前面用 fopen()函数打开的文件。fclose()函数的参数为指向待关闭文件的文件指针。在调用该函数之后，将无法再通过该文件流对文件进行读写操作。如果 fclose()函数成功关闭指定文件，则返回值为 0，否则返回 EOF 表示发生错误。EOF 是一个定义在 stdio.h 中的一个宏，其替换文本为-1，表示文件尾的位置(End Of File)。

例 11.1 中最后 3 条语句用来关闭程序前面代码中用 fopen()函数打开的 3 个文件：

```
fclose(fptr1);                    //关闭文件指针 fptr1 指向的文件
fclose(fptr2);                    //关闭文件指针 fptr2 指向的文件
fclose(fptr3);                    //关闭文件指针 fptr3 指向的文件
```

在程序中打开一个文件对其完成操作后一定要关闭文件，否则容易引发数据安全问题或产生系统错误。

11.2.5　读写文件

1. fgetc()和 fputc()函数

fgetc()函数用来从一个文本文件中当前位置指针指向的位置读取一个字符，其函数原型如下：

```
int * fgetc(FILE * stream)
```

其参数 stream 为指向打开文本文件的文件指针，函数从该文本文件中当前位置指针指向的位置读取一个字符，并将位置指针移到下一个位置；如果读取成功，则函数的返回值为读取字符的 ASCII 值，如果当前位置指针指向文件末尾或者读取失败，则函数返回宏 EOF。

fputc()函数用来向一个文本文件中当前位置指针指向的位置写入一个字符，其函数原型如下：

```
int * fputc(int ch, FILE * stream)
```

第一个参数 ch 为待写入的字符(ASCII 值)，第二个参数为指向被写入文本文件的文件指针，函数将一个字符写到该文本文件当前位置指针指向的位置，并将位置指针移到下一个位置；如果写入成功，则函数的返回值为写入字符的 ASCII 值，如果写入失败则返回宏 EOF。

例 11.2　fgetc()和 fputc()函数的应用。

```
#include <stdio.h>
#include <string.h>
```

```
main(){
    FILE * fptr;
    int i;
    char * p;
    char str[]="I love my motherland-China!"; //待写入文件的信息
    p=str;
    fptr=fopen("d:\\样例\\test.txt","w");      //打开文件只写
    if (fptr==NULL)                              //检测文件是否打开成功
        printf("test.txt 文件打开失败! \n");
    while(* p!='\0') {                           //按字符依次将信息写入文件
        fputc(* p,fptr);
        p++;
    }
    fclose(fptr);                                //关闭文件
    fptr=fopen("d:\\样例\\test.txt","r");      //再次打开文件只读
    if (fptr==NULL)                              //检测文件是否打开成功
        printf("test.txt 文件打开失败! \n");
    printf("输出文本文件 test.txt 的内容: \n");
    while(!feof(fptr))                           //按字符依次读取文件信息输出到屏幕
        printf("%c",fgetc(fptr));
    fclose(fptr);                                //关闭文件
}
```

程序运行后,屏幕显示结果如下:

```
输出文本文件 test.txt 的内容:
I love my motherland-China!
```

文本文件 test.txt 的内容如图 11.3 所示。

```
test.txt - 记事本
文件(F) 编辑(E) 格式(O) 查看(V) 帮助(H)
I love my motherland-China!
```

图 11.3 fgetc()和 fputc()函数应用示例

程序中的 feof()函数用来检测文件的位置指针是否指向了文件末尾。

例 11.2 的程序中先以"w"模式打开 test.txt 文件,将所有字符都写入文件后,关闭文件,然后再次以"r"模式打开文件,将文件中的信息读取输出到屏幕上。程序中先后两次打开关闭文件,是因为第一次打开写入所有字符后,文件的位置指针指向的位置是文件的末尾,此时做读取操作将读不到文件的内容,而如果关闭文件后再次打开文件,文件的位置指针会再次定位到文件的起始位置,能够正常读取文件内容。若希望只打开文件一次来完成写入和读取操作,需要借助 rewind()函数来将文件的位置指针重新定位到文件的起始位置。代码修改如下:

```
#include <stdio.h>
#include <string.h>
main(){
    FILE * fptr;
    int i;
```

```
    char * p;
    char str[]="I love my motherland-China!";
    p=str;
    fptr=fopen("d:\\样例\\test.txt","w+");              //打开文件读写
    if (fptr==NULL)
        printf("test.txt 文件打开失败! \n");
    while(*p!='\0') {                                   //将信息写入文件
        fputc(*p,fptr);
        p++;
    }
    rewind(fptr);          //信息写入完毕后将位置指针重新指向文件起始位置
    printf("输出文本文件 test.txt 的内容: \n");
    while(!feof(fptr))                                  //从文件读取信息输出到屏幕
        printf("%c",fgetc(fptr));
    fclose(fptr);
}
```

修改后的代码运行效果和修改前一样。

2. fgets()和 fputs()函数

fgets()函数用来从一个文本文件中当前位置指针指向的位置开始读取一个指定长度的字符串，其函数原型如下：

```
char * fgets(char * str, int n, FILE * stream)
```

该函数在 stream 指向的文件中，从位置指针指向的位置开始读取长度为 n－1 的字符串存储到 str 指向的存储空间中，并将位置指针指向读取的字符串最后一个字符的后面，若读取的字符串长度不够 n－1 个字符，则按实际长度读取，如果读取成功，则函数返回 str 指针，如果当前位置指针指向文件末尾或者读取失败，则函数返回空指针 NULL。

fgets()函数读到换行字符'\n'或读到文件末尾时会停止，所以如果要读取文本文件的多行信息时，需要多次使用 fgets()函数。

fputs()函数用来将一个字符串写入文本文件中当前位置指针指向的位置，其函数原型如下：

```
int fputs(const char * str, FILE * stream)
```

该函数将 str 指向的字符串写入 stream 指向文件中位置指针指向的位置，并将位置指针指向写入的字符串最后一个字符的后面，如果写入成功，函数返回写入字符串的长度，如果写入失败，则函数返回宏 EOF。

例 11.3　fgets()和 fputs()函数的应用。

```
#include <stdio.h>
#include <string.h>
main(){
    FILE * fptr;
    int i;
    char s[100]={0};
```

```
    char str1[]="I love my motherland-China!\n";    //待写入文本文件第一行的
                                                    //信息(最后有个换行符)
    char str2[]="Hello China!!!";                   //待写入文本文件第二行的信息
    fptr=fopen("d:\\样例\\test.txt","w+");
    if (fptr==NULL)
        printf("test.txt 文件打开失败! \n");
    fputs(str1,fptr);                               //写入第一个信息
    fputs(str2,fptr);                               //写入第二个信息
    rewind(fptr);        //信息写入完毕后将位置指针重新指向文件起始位置
    printf("输出文本文件 test.txt 的内容: \n");
    fgets(s,80,fptr);                               //读文件第一行
    printf("%s",s);
    fgets(s,80,fptr);                               //读文件第二行
    printf("%s",s);
    fclose(fptr);
}
```

程序运行后,屏幕显示结果如下:

```
输出文本文件 test.txt 的内容:
I love my motherland-China!
Hello China!!!
```

文本文件 test.txt 的内容如图 11.4 所示。

test.txt - 记事本
文件(F) 编辑(E) 格式(O) 查看(V) 帮助(H)
I love my motherland-China!
Hello China!!!

图 11.4 fgets()和 fputs()函数应用示例

fscanf()和 fprintf()函数

3. fscanf()和 fprintf()函数

C 语言中用 fscanf()函数按格式从文本文件读取数据,用 fprintf()函数按格式将数据写入文本文件。两个函数的函数原型如下:

```
int fscanf(FILE * stream, const char * format, …)
int fprintf(FILE * stream, const char * format, …)
```

学生信息表.txt - 记事本
文件(F) 编辑(E) 格式(O) 查看(V) 帮助(H)
1 李伟 623 广州
2 张华 640 长沙
3 王芳 632 上海
4 刘凯 621 北京

图 11.5 学生信息表.txt

函数按参数 format 指向的格式串要求从 stream 指向的文本文件中读写数据,格式串中格式符及相关要求和 scanf()/printf()函数的格式串是一样的。

例 11.4 fscanf()和 fprintf()函数的应用。

在计算机系统 d 盘下“样例”文件夹下有一个记录了学生基本信息的文本文件“学生信息表.txt”,文件内容如图 11.5 所示,设计程序从该文件中读取所有学生

的信息数据，并为每个学生添加出生日期信息，最后将所有学生的信息数据写入一个新的文本文件“修改后学生信息表.txt”中，并将平均成绩输出到显示器。

程序代码如下：

```
#include <stdio.h>
main(){
    FILE * fptr1, * fptr2;
    int i=0,total=0;
    struct Birthday{
        int year;
        int month;
        int date;
    };
    typedef struct StuInfo{
        int stuNo;
        char stuName[8];
        struct Birthday stuBirthday;
        int score;
        char city[8];
    }SI;
    SI stu[4];
    fptr1=fopen("d:\\样例\\学生信息表.txt","r");
    if (fptr1==NULL)
        printf("学生信息表.txt 文件打开失败！ \n");
    fptr2=fopen("d:\\样例\\修改后学生信息表.txt","w");
    if (fptr2==NULL)
        printf("学生信息表.txt 文件打开失败！ \n");
    while(!feof(fptr1)){
        fscanf(fptr1,"%d %s %d %s\n",              //从文件中按格式读出数据
                &stu[i].stuNo,stu[i].stuName,
                &stu[i].score,stu[i].city);
        total+=stu[i].score;
        printf("请输入%s 的出生日期(yyyy-mm-dd): ",stu[i].stuName);
        scanf("%d-%d-%d",&stu[i].stuBirthday.year,
                      &stu[i].stuBirthday.month,
                      &stu[i].stuBirthday.date);
        i++;
    }
    for(i=0;i<4;i++){                              //将学生信息按格式写入文件
      fprintf(fptr2,"%d",stu[i].stuNo);
      fprintf(fptr2,"  %s",stu[i].stuName);
      fprintf(fptr2,"  %4d-%02d-%02d",
                 stu[i].stuBirthday.year,
                 stu[i].stuBirthday.month,
                 stu[i].stuBirthday.date);
      fprintf(fptr2,"  %d",stu[i].score);
      fprintf(fptr2,"  %s",stu[i].city);
      fprintf(fptr2,"\n");
    }
```

```
    printf("平均分数为: %d\n",total/4);
    fclose(fptr1);
    fclose(fptr2);
}
```

程序运行后,屏幕显示结果如下:

```
请输入李伟的出生日期(yyyy-mm-dd): 2002-11-09
请输入张华的出生日期(yyyy-mm-dd): 2003-05-28
请输入王芳的出生日期(yyyy-mm-dd): 2003-12-10
请输入刘凯的出生日期(yyyy-mm-dd): 2002-01-05
平均分数为: 629
```

文本文件"修改后学生信息表.txt"的内容如图11.6所示。

```
修改后学生信息表.txt - 记事本
文件(F) 编辑(E) 格式(O) 查看(V) 帮助(H)
1  李伟  2002-11-09  623  广州
2  张华  2003-05-28  640  长沙
3  王芳  2003-12-10  632  上海
4  刘凯  2002-01-05  621  北京
```

图11.6 修改后学生信息表.txt

4. fread()和fwrite()函数

fread()和fwrite()函数分别用来从二进制文件中读取、写入二进制数据。两个函数的函数原型如下:

```
size_t fread(void *ptr, size_t size, size_t n, FILE *stream)
size_t fwrite(const void *ptr, size_t size, size_t n, FILE *stream)
```

fread()函数中的参数ptr指针指向一个存储空间,用于存储从steam指向文件中读取的数据信息,参数size用于确定要读取的每个数据项的大小,单位是字节,参数n用于确定要读取的数据项的个数。

fwrite()函数用于向steam指向的文件写入ptr指针指向的数据,参数size用于确定要写入的每个数据项的大小,单位是字节,参数n用于确定要写入的数据项的个数。

如果读写成功,则两个函数分别返回读写的数据项个数,否则返回0。

例11.5 fread()和fwrite()函数的应用。

将4名学生的信息写入的二进制文件"学生信息表.dat",再将该文件的信息读取输出到屏幕上显示,代码如下:

```
#include <stdio.h>
main(){
    FILE *fptr1, *fptr2;
    int i=0,total=0;
    typedef struct StuInfo{
        int stuNo;
```

```
        char stuName[8];
        int score;
        char city[8];
    }SI;
    SI stu[4]={{1,"李伟",623,"广州"},
               {2,"张华",640,"长沙"},
               {3,"王芳",632,"上海"},
               {4,"刘凯",621,"北京"}};
    SI stuinfo;
    fptr1=fopen("d:\\样例\\学生信息表.dat","wb");
    if (fptr1==NULL)
      printf("学生信息表.dat 文件打开失败！ \n");
    for(i=0;i<4;i++)
      fwrite(&stu[i],sizeof(struct StuInfo),1,fptr1);//将学生信息写入二进制文件
    fclose(fptr1);
    fptr2=fopen("d:\\样例\\学生信息表.dat","rb");
    if (fptr2==NULL)
      printf("学生信息表.dat 文件打开失败！ \n");
    printf("所有学生信息：\n");
    for(i=0;i<4;i++){            //从二进制文件中读取学生信息并输出到屏幕
      fread(&stuinfo,sizeof(struct StuInfo),1,fptr2);
      total+=stuinfo.score;
      printf("%d",stuinfo.stuNo);
      printf("   %s",stuinfo.stuName);
      printf("   %d",stuinfo.score);
      printf("   %s",stuinfo.city);
      printf("\n");
    }
    printf("平均分数为：%d\n",total/4);
    fclose(fptr2);
}
```

程序运行后，屏幕显示如下：

```
所有学生信息：
1   李伟   623   广州
2   张华   640   长沙
3   王芳   632   上海
4   刘凯   621   北京
平均分数为：629
```

“学生信息表.dat”文件是二进制文件，如果用 Windows 系统的记事本打开将无法直接阅读，如图 11.7 所示。

```
学生信息表.dat - 记事本
文件(F)  编辑(E)  格式(O)  查看(V)  帮助(H)
□ 李伟  o 广州    张华  € 长沙  □ 王芳  x 上海  □ 刘凯  m 北京
```

图 11.7　用记事本打开学生信息表.dat

11.3 文件读写位置的定位操作

在FILE结构体中有一个位置指针用来指向打开文件的当前读写位置。当以"r"或"w"模式打开一个文件时,C语言默认位置指针指向文件的起始位置,即当前的读写位置为文件的起始位置;当以"a"模式打开一个文件时,C语言默认位置指针指向文件的末尾位置,即当前的读写位置为文件的末尾位置,用来在文件原有的数据之后追加数据。

C语言中常用与位置指针相关的函数如下。

(1) rewind()函数用来将位置指针重新定位指向文件的起始位置,其函数原型如下:

```
void rewind(FILE * stream)
```

(2) feof()函数用来检测位置指针是否指向文件的末尾位置,如果位置指针到达文件末尾,则函数返回一个非零整数,如果还未到达文件末尾,则返回0,其函数原型如下:

```
int feof(FILE * stream)
```

(3) ftell()函数用来获取当前打开的文件的位置指针指向的位置,其函数原型如下:

```
long ftell(FILE * stream)
```

该函数的返回值是一个长整型的数据,记录了stream文件位置指针的位置(以字节为单位),如果无法获取位置则返回-1。

(4) fseek()函数用来将位置指针移动到指定位置,其函数原型如下:

```
int fseek(FILE * stream, long offset, int whence)
```

其中,参数whence为位置指针计算位置移动的起始位置,系统确定了3个位置常量,分别是:

(1) SEEK_SET(或整数0):文件的起始位置;

(2) SEEK_CUR(或整数1):位置指针的当前位置;

(3) SEEK_END(或整数2):文件的末尾位置。

参数offset是由whence起始的偏移量(以字节为单位),当offset为正整数时,将位置指针向文件末尾移动,当offset为负整数时,将位置指针向文件开头移动。

例11.6 文件操作位置指针相关函数的应用。

```
#include <stdio.h>
#include <string.h>
main(){
    FILE * fptr;
    int i;
    char * p;
    char str[]="Hello world!";
    p=str;
```

```
    fptr=fopen("d:\\样例\\test.txt","w+");              //打开文件读写
    if (fptr==NULL)
      printf("test.txt 文件打开失败！\n");
    while(*p!='\0') {                                   //将信息写入文件
      fputc(*p,fptr);
      p++;
    }
    rewind(fptr);            //信息写入完毕后将位置指针重新指向文件起始位置
    for(i=0;i<strlen(str);i++){
      fseek(fptr,i,SEEK_SET);                           //移动位置指针的位置
      printf("当前位置指针的位置: %ld\n",ftell(fptr)); //输出当前位置指针
      printf("从当前位置开始的信息: ");
      while(!feof(fptr))    //从当前位置读取信息输出到屏幕,直到文件结束
          printf("%c",fgetc(fptr));
      printf("\n");
    }
    fclose(fptr);
}
```

程序的运行结果如下：

```
当前位置指针的位置: 0
从当前位置开始的信息: Hello world!
当前位置指针的位置: 1
从当前位置开始的信息: ello world!
当前位置指针的位置: 2
从当前位置开始的信息: llo world!
当前位置指针的位置: 3
从当前位置开始的信息: lo world!
当前位置指针的位置: 4
从当前位置开始的信息: o world!
当前位置指针的位置: 5
从当前位置开始的信息: world!
当前位置指针的位置: 6
从当前位置开始的信息: world!
当前位置指针的位置: 7
从当前位置开始的信息: orld!
当前位置指针的位置: 8
从当前位置开始的信息: rld!
当前位置指针的位置: 9
从当前位置开始的信息: ld!
当前位置指针的位置: 10
从当前位置开始的信息: d!
当前位置指针的位置: 11
从当前位置开始的信息: !
```

习题

(1) 什么是文件指针？如何声明一个文件指针？

(2) 如何在 C 语言中打开一个文件？如何关闭一个文件？

(3) C 语言中打开文件有哪些常见的读写模式？

(4) 什么是文件结束符 EOF？如何检测文件是否到达结尾？

(5) 如何使用 feof()函数检测文件是否到达结尾？

(6) 如何使用 fseek()函数将文件指针定位到文件的指定位置？

(7) 以下程序用于打开一个文件并将文件中的内容输出到屏幕，填写缺失的代码：

```
#include <stdio.h>
int main() {
    FILE * fp;
    char s[1000];
    fp = _______ 1 _______;
    fgets(s, 1000, fp);
    printf("%s", s);
    _______ 2 _______;
    return 0;
}
```

(8) 以下程序用于将两个整数写入一个文本文件中，填写缺失的代码：

```
#include <stdio.h>
int main() {
    FILE * fp;
    int n1 = 11, n2 = 22;
    fp = _______ 1 _______;
    fprintf(_______ 2 _______, "%d %d", n1, n2);
    fclose(fp);
    return 0;
}
```

(9) 以下程序用于从一个文本文件中逐行读取内容并输出到屏幕，填写缺失的代码：

```
#include <stdio.h>
int main() {
    FILE * fp;
    char ch;
    fp = _______ 1 _______;
    while ((ch = fgetc(fp)) != _______ 2 _______ {
        putchar(ch);
    }
    fclose(fp);
    return 0;
}
```

(10) 以下程序用于从文本文件中读取一个字符串并存储到字符数组中,填写缺失的代码:

```
#include <stdio.h>
#include <string.h>
int main() {
    FILE * fp;
    char str[100];
    fp = _______ 1 _______;
    fgets(str, 100, _______ 2 _______);
    printf("读取的字符串: %s", str);
    fclose(fp);
    return 0;
}
```

(11) 阅读以下程序,分析并描述其功能:

```
#include <stdio.h>
int main() {
    FILE * fp;
    char filename[] = "test.txt";
    char ch;
    fp = fopen(filename, "w");
    if (fp == NULL) {
        printf("无法打开文件 %s\n", filename);
        return 1;
    }
    printf("输入一段文字,以#结束: \n");
    while ((ch = getchar()) != '#') {
        fputc(ch, fp);
    }
    fclose(fp);
    return 0;
}
```

(12) 阅读以下程序,分析并描述其功能:

```
#include <stdio.h>
int main() {
    FILE * fp1, * fp2;
    char ch;
    fp1 = fopen("input.txt", "r");
    fp2 = fopen("output.txt", "w");
    if (fp1 == NULL || fp2 == NULL) {
        printf("无法打开文件\n");
        return 1;
    }
   while ((ch = fgetc(fp1)) != EOF) {
        fputc(toupper(ch), fp2);
    }
```

```
    fclose(fp1);
    fclose(fp2);
    return 0;
}
```

(13) 阅读以下程序,分析并描述其功能:

```
#include <stdio.h>
#include <string.h>
int main() {
    FILE * fp;
    char str[100];
    int count = 0;
    fp = fopen("words.txt", "r");
    if (fp == NULL) {
        printf("无法打开文件\n");
        return 1;
    }
  while (fgets(str, 100, fp) != NULL) {
        count++;
    }
    printf("文件中共有 %d 行文字\n", count);
    fclose(fp);
    return 0;
}
```

(14) 阅读以下程序,分析并描述其功能,指出其中的错误:

```
#include <stdio.h>
int main() {
    FILE * fp;
    int num;
    fp = fopen("data.txt", "w");
    num = 10;
    fwrite(&num, sizeof(int), 1, fp);
    fclose(fp);
    return 0;
}
```

(15) 阅读以下程序,分析并描述其功能:

```
#include <stdio.h>
int main() {
    FILE * fp;
    char s[10];
    int i = 0;
    fp = fopen("input.txt", "r");
    while (fgets(s, 10, fp) != NULL) {
        printf("%s", s);
        i++;
    }
```

```
    printf("总共读取了%d 行数据\n", i);
    fclose(fp);
    return 0;
}
```

（16）阅读以下程序，分析并描述其功能，指出其中可能出现的问题：

```
#include <stdio.h>
#include <stdlib.h>
int main() {
    FILE * fp1, * fp2;
    char ch;
    fp1 = fopen("t1.txt", "r");
    fp2 = fopen("t2.txt", "w");
    if (fp1 == NULL || fp2 == NULL) {
        printf("文件打开失败\n");
        exit(1);
    }
    while ((ch = fgetc(fp1)) != EOF) {
        fputc(ch, fp2);
    }
    fclose(fp1);
    fclose(fp2);
    return 0;
}
```

（17）阅读以下程序，分析并描述其功能：

```
#include <stdio.h>
#include <string.h>
int main() {
    FILE * fp;
    char str[50];
    int count = 0;
    fp = fopen("test.txt", "r");
    while (fscanf(fp, "%s", str) != EOF) {
        count++;
        printf("%s\n", str);
    }
    printf("文件中总共有%d 个单词\n", count);
    fclose(fp);
    return 0;
}
```

（18）编程实现将文本文件中的大小写字母进行转换并保存到另一个文件中。

（19）编程实现统计一个文本文件中特定字符或字符串的出现次数。

（20）编程实现将两个文本文件的内容合并到一个新的文本文件中。